"课程思政+核心素养+分层教学"立体化新理念教材

三维设计与制作

（3ds Max 2020）

史宇宏　关晓军　陈　杰　◎主　编

徐辉任　刘　露　姚耀龙　◎副主编

电子工业出版社

Publishing House of Electronics Industry

北京·BEIJING

内 容 简 介

本书以 3ds Max 三维设计软件为主线，构建立体化的学习框架，多层次、多角度展开介绍，涵盖 3ds Max 三维设计软件在建筑设计、工业设计、游戏设计、动画设计、三维效果图制作、数字媒体建模等领域的模型的创建，材质、贴图的制作，照明系统的设置，三维场景的渲染、输出及后期处理的完整流程，帮助学生解决未来生活、工作和创业环境中的相关问题，注重培养学生的职业思维、岗位技能和价值创造能力。

本书内容翔实、条理清晰、通俗易懂、简单实用，以增强职业素养为中心，满足应用需求为导向，完善教学环节中的思想与技能教育，强化德技并修的育人途径，将思想性、技术性、人文性、趣味性与实用性有机结合，既是一本专业课教材，也是一本职业工作手册。

本书对接多个专业与 3ds Max 三维设计相关的课程标准，衔接对应的职业岗位要求，既可作为职业院校计算机类专业的授课教材，也可作为 3ds Max 三维设计培训班的培训资料及广大用户的参考工具书。

图书在版编目（CIP）数据

三维设计与制作：3ds Max 2020 / 史宇宏，关晓军，陈杰主编．—北京：电子工业出版社，2023.5

ISBN 978-7-121-45376-2

Ⅰ．①三… Ⅱ．①史… ②关… ③陈… Ⅲ．①三维动画软件 Ⅳ．①TP391.414

中国国家版本馆 CIP 数据核字（2023）第 061488 号

责任编辑：杨　波　　　　　　特约编辑：田学清

印　　刷：中国电影出版社印刷厂

装　　订：中国电影出版社印刷厂

出版发行：电子工业出版社

　　　　　北京市海淀区万寿路 173 信箱　　　　邮编：100036

开　　本：880×1230　　1/16　　印张：13.25　　字数：306 千字

版　　次：2023 年 5 月第 1 版

印　　次：2024 年 8 月第 3 次印刷

定　　价：48.00 元

PREFACE

本书以党的二十大精神为统领，全面贯彻党的教育方针，落实立德树人根本任务，践行社会主义核心价值观，铸魂育人，坚定理想信念，坚定"四个自信"，为中国式现代化全面推进中华民族伟大复兴而培育技能型人才。

本书涵盖了 3ds Max 三维设计软件在建筑设计、工业设计、游戏设计、动画设计、三维效果图制作、数字媒体建模等领域的模型的创建，遵循由浅入深、由易到难、由点到面的设计原则，采用案例引导的基本方法来组织内容，将 3ds Max 三维设计软件的相关知识融入不同应用领域的案例中，符合学生从接受知识、消化知识到应用和转化知识的认知发展规律。

本书在整体规划与内容编排方面独具匠心，形成了具有鲜明特色的知识框架，具体阐述如下。

1. 内容覆盖全面，结构清晰合理

本书按照 3ds Max 三维设计的主要流程来安排内容结构，全面介绍 3ds Max 三维设计软件在建筑设计、工业设计、游戏设计、动画设计、三维效果图制作、数字媒体建模等领域的模型的创建，材质、贴图的制作，照明系统的设置，三维场景的渲染、输出及后期处理的完整过程，不仅有利于学生学习三维设计各个方面的知识，还可以开拓学生的知识视野。

2. 思政教育、职业素养与技能相融合

本书在对应章节中加入了我国在人工智能、宇宙探索等高科技领域的先进成果，并加以适当点评，启发学生进行正面思考，帮助学生树立民族自豪感并激发学生的忧患意识。通过"传承国粹之'大瓷碗'""竹编工艺灯罩""顽强不屈的'柱子'""精益求精，臻于至善""强身健体""壮美河山""路在脚下""植树造林"等富含哲理的精彩案例的制作，在培养学生职业技能的同时，加强对学生职业素养的训练，将课程思政有机融入职业技能的培养过程中。

3. 知识点精炼，学习更轻松，实用性更强

本书既注重全面性，更注重学习效果与实用性，在全面介绍 3ds Max 三维设计软件的应用领域，三维设计的职业前景、就业方向与从业资格，3ds Max 与其他设计软件的交互及其在不同应用领域的设计流程、方法、技巧的同时，还对软件操作知识点进行精心提炼，用通俗易懂的语言来描述专业概念、命令及操作过程，并将其融入大量富含哲理的精彩案例中，

激发学生学习 3ds Max 三维设计软件的浓厚兴趣，对学生的职业技能进行强化训练，使学生的学习更轻松，掌握的技能更实用。

4．可灵活安排日常教学和自主学习

本书的设计宗旨之一是便于不同层次的学生开展自主学习与自主探索，但由于 3ds Max 三维设计软件本身的特点，本书建议将教学课时设置为 64～96 学时，知识点课时与实训课时占比为 1∶2，教师可根据自身情况与培养需要，灵活安排授课时间。例如，教师可重点讲解书中的知识要点，学生可参考书本讲解或教学视频，对实训内容开展自主学习，教师进行必要的辅导，并根据章节习题安排必要的巩固训练、随堂测试与考核评价，以锻炼学生自主学习和解决问题的能力。

5．适合中高职学校融通化教学

本书根据实践应用的难易顺序和学生的心理接受过程，努力将"知"与"行"进行融合并交替展开，兼顾中等及高等职业学校的计算机培养需求，不仅可作为中专、中职、技工学校计算机软件课程的教材，也可作为高职、高专院校计算机专业相关课程的教材。

6．提供丰富的配套教学资源

本书提供教学参考资料包，包括 PPT 课件、教案、教学指南、操作视频、考试样卷和参考答案等，以方便教师开展日常教学。如果有需要，读者可登录华信教育资源网免费下载，具体内容如下。

- ➢ 素材：本书所有调用的素材文件。
- ➢ 贴图：本书所有使用的贴图文件。
- ➢ 效果：本书所有案例的渲染效果文件。
- ➢ 线架：本书所有案例的线架文件。
- ➢ 操作视频：本书所有章节的视频讲解文件。
- ➢ 知识拓展：本书知识拓展内容。
- ➢ PPT 课件：本书 PPT 课件。
- ➢ 思政：本书配套思政文件。
- ➢ 考试样卷与参考答案：本书配套的试卷及知识巩固与能力拓展习题答案。
- ➢ 教案与教学指南：本书配套的教案与教学指南文件。
- ➢ 附赠：赠送三维设计所需的贴图文件。

本书由史宇宏、关晓军、陈杰担任主编，由徐辉任、刘露、姚耀龙担任副主编，史宇宏负责统筹与安排本书所有章节内容；哈尔滨师范大学关晓军负责编写第 6 章~第 9 章；塔里木大学陈杰负责编写第 1 章和第 2 章；海南医学院徐辉任负责编写第 3 章和第 4 章；海南医学院刘露负责编写第 5 章和第 10 章；姚耀龙负责编写第 11 章。编者在编写本书的过程中力求将职业工作经验有机融入其中。

虽然编者在设计和编写本书的过程中倾注了大量的精力与心血，但由于能力有限，书中难免存在疏漏和不足之处，恳请广大读者不吝提出批评和建议，以便进行更改和完善。编者的 E-mail：yuhong69310@163.com。

编　者

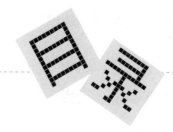

CONTENTS

3ds Max 与三维设计

第 1 章

↓ 工作任务分析

本任务主要学习 3ds Max 虚拟现实技术的应用领域，3ds Max 三维设计的职业前景、就业方向与从业资格分析，3ds Max 与其他三维设计软件的交互，3ds Max 三维设计的流程等知识，旨在开拓学生的知识视野，激发学生的爱国情感、职业认同感及学习 3ds Max 的热情。

↓ 知识学习目标

- 了解 3ds Max 虚拟现实技术的应用领域。
- 了解 3ds Max 与其他三维设计软件的交互知识。
- 了解当前热门的 IT 行业岗位。
- 熟悉 3ds Max 的工作界面。
- 了解 3ds Max 三维设计的流程。

↓ 技能实践目标

- 能够掌握 3ds Max 工作界面的基本操作。
- 能够掌握 3ds Max 三维设计的基本方法。

1.1 3ds Max 虚拟现实技术的应用领域

目前，虚拟现实技术（Virtual Reality，VR）主要通过程序语言（如 OPENGL 等）、虚拟现实三维立体网络程序语言 VRML 并结合脚本语言和 Java 语言来设计实现，但是，这种方法工作量大且效率低，而 3ds Max 凭借其强大的三维建模功能，可以轻松、高效地创建任何三维模型，在虚拟现实技术应用领域有着举足轻重的作用。本节就来讲解 3ds Max 虚拟现实技术的应用领域。

1.1.1 3ds Max 虚拟现实技术在生态建筑设计中的应用

建筑设计是一项复杂的建造工程，关乎人们的身体健康与生命安全。近年来，随着经济的发展和人们生活水平的不断提高，人们的环保意识也在不断增强，生态建筑已成为人们工作与生活场所的首选。

生态建筑设计要比一般建筑设计更复杂，因此建筑设计师在生态建筑设计初期，可以使用 3ds Max 的三维设计功能创建出生态建筑的三维立体数据模型，并制作出建筑三维场景动画，以静态图片展示、动态效果演示、多种环境效果实时切换等方式，全方位展现生态建筑的效果，使其作为生态建筑设计方案论证、审批的资料，最后立项并开始建造。

在生态建筑中使用 3ds Max 虚拟现实技术，不仅可以节约大量的人力、物力资源，也可以缩短工程的建造时间。这与生态建筑的理念相契合。

图 1-1 所示是具有城市生态建筑代表作之称的 2008 年北京奥运会场馆——"水立方"和"鸟巢"两栋建筑。

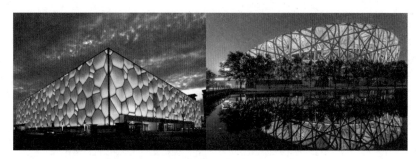

图 1-1　2008 年北京奥运会场馆——"水立方"和"鸟巢"

1.1.2　3ds Max 虚拟现实技术在室内设计中的应用

室内设计是对建筑物内部空间进行功能改造和美化的一项活动，其目的是使建筑物内部空间更能满足人们的工作、居住和生活需求。

在室内设计初期，设计师可以利用 3ds Max 虚拟现实技术创建室内虚拟环境，对真实环境进行模拟，让人们全方位地审视和感受室内的视、声、光、热等效果，获得身临其境的体验，这样不仅有利于室内设计工程的招标、投标，也可以节约大量的人力、物力资源，缩短室内设计工程的工期。图 1-2 所示是使用 3ds Max 虚拟现实技术设计的室内效果图。

图 1-2　使用 3ds Max 虚拟现实技术设计的室内效果图

1.1.3　3ds Max 虚拟现实技术在工业产品设计中的应用

现代社会科学技术为第一生产要素，而工业是实现现代化生产的重要途径，工业设计的质量及效率与现代化工业程度息息相关。

工业设计具有极为严格的设计程序和多项设计环节，完善工业设计的各个环节，促进现代化工业向新平台发展是推动科学技术进步的必经之路。在工业设计中引入 3ds Max 虚拟现实技术，可以在产品设计初期得到产品的三维数据模型，方便、直观地体现设计思想，简化烦琐的设计程序和设计环节，这对产品设计的前期审定、产品成本的控制，以及产品后期的宣传、推广、营销等都有好处。图 1-3 所示是使用 3ds Max 虚拟现实技术设计的电子词典与塑料凉拖产品的三维模型。

图 1-3 使用 3ds Max 虚拟现实技术设计的电子词典与塑料凉拖产品的三维模型

1.1.4 3ds Max 虚拟现实技术在高科技领域的应用

高科技是人类智慧的体现，是社会发展的基石。随着我国科技的不断发展，我国在高科技技术领域有着骄人的成就。例如，有"中国天眼"之称的射电望远镜、技术领先世界的"墨子号"量子科学实验卫星、覆盖全球并为多个国家和地区提供服务的"北斗卫星导航系统"以及正在进行的火星探索等，这些重大高科技技术成果，在项目研究初期都需要通过 3ds Max 虚拟现实技术进行动画模拟，然后进行分析、研究、论证，最后正式立项，建造并展开科学研究工作。图 1-4 所示是有着"中国天眼"之称、技术领先全球的射电望远镜。

图 1-4 "中国天眼"射电望远镜

1.1.5 3ds Max 虚拟现实技术在人工智能领域的应用

人工智能（Artificial Intelligence）简称 AI，也被称作机器智能，是指由人工制造出来的系统所表现出来的智能。从实际应用层面来理解，人工智能是研究如何用计算机软件和硬件实现 Agent 的感知、决策与智能行为的一种技术，应用领域包括计算机视觉、图像分析、模式识别、专家系统、自动规划、智能搜索、计算机博弈、智能控制、机器人学、自然语言处理、社交网络、数据挖掘、虚拟现实等。这些应用领域都离不开 3ds Max 虚拟现实技术的支持，如图 1-5 所示。

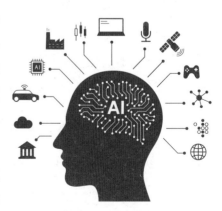

图 1-5 人工智能技术

1.1.6　3ds Max 虚拟现实技术在 3D 打印等领域的应用

3D 打印是一种新型的制造加工工艺，俗称"快速成型技术"。3D 打印综合了数字建模技术、机电控制技术、信息技术、材料科学与化学等诸多领域的前沿技术，涉及的领域较多，只需提供一个数字化文件即可通过 3D 打印技术创造出三维模型。

图 1-6　3D 打印技术

3ds Max 在三维建模方面具有快速、灵活多样、容易修改和编辑的优势，能够将 CAD 二维图形构造为三维立体模型，并且能深化和利用三维模型，以及为 3D 打印机提供 STL 打印文件，因此 3D 打印中最关键的数字建模技术就是使用 3ds Max 来实现的。

图 1-6 所示是使用 3ds Max 建模并通过 3D 打印技术打印的玻璃器皿。

1.1.7　3ds Max 虚拟现实技术在影视、媒体制作领域的应用

三维特效是指视觉与声音特效，是媒体、影视、动画及游戏中渲染场景气氛不可缺少的元素。但是，传统的三维特效制作模式比较烦琐，需要应用许多仪器设备，这不仅浪费时间，而且效果并不理想。

3ds Max 具有强大的三维建模功能以及逼真的三维场景渲染技术，能够根据故事情节与虚拟角色进行三维模型制作、三维场景特效渲染，使故事情节更加生动、立体化，场景效果更加恢宏、炫酷，效果远超传统仪器设备所制作的特效，而操作过程却相对简单。例如，大家熟知的我国科幻电影《流浪地球》、神话故事电影《大闹天宫》《哪吒闹海》，以及火遍全网的游戏《王者荣耀》等的三维场景特效，都采用了 3ds Max 虚拟现实技术。

1.2　3ds Max 三维设计的职业前景、就业方向与从业资格分析

3ds Max 的三维设计功能强大，应用领域广泛，就业渠道多，本节对 3ds Max 三维设计的职业前景、就业方向与从业资格进行简单分析。

1.2.1　3ds Max 三维设计的职业前景与从业资格分析

3ds Max 三维设计职业分布广泛，涉及多个行业。

1）建筑行业

近几年，随着我国城镇化进程的不断推进，城镇人口在逐年增加，城镇住房需求也在逐年增加，这推动了建筑业的蓬勃发展，从而使得与建筑业有关的职业遇到了前所未有的发展

机遇，其职业前景无可限量。

室内外效果图制作是建筑业中不可或缺的设计门类。效果图是在设计图的基础上对建筑物内、外效果的一种表现，效果图制作就业门槛较低，从业者只需掌握基本专业知识，熟练操作 3ds Max 等相关软件即可从事相关工作，是职业院校学生择业的理想选择之一。

2）游戏行业

游戏行业目前是互联网行业中盈利模式比较成熟的行业。该行业收入可观，从业者的待遇也较其他行业高许多，因此其职业前景非常好，游戏人才也非常紧缺，是目前互联网需求量最大、缺口数量最大的一类人才。

就从业资格来说，游戏设计从业者只需掌握基本的色彩、造型专业知识，能熟练应用 3ds Max 以及其他相关设计软件即可从事相关工作，是职业院校学生择业的理想选择之一。

3）三维影视动画行业

三维影视动画目前是全球的热门行业，加上这几年我国开始大力扶植影视动画文化产业，从而推动了与三维影视动画有关的行业的蓬勃发展，这对于从事影视动画行业的人员来说是难得的机遇，相信今后该行业的发展会更好，其职业前景也会随之更好。

就从业资格来说，影视动画从业者所要掌握的专业知识比较多，除了要掌握基本的色彩、造型专业知识，还需掌握绘画、摄影、材料学等其他专业知识。另外，熟练操作 3ds Max 等其他三维设计软件也是就业的基本要求，学生通过努力学习相关专业知识，从事三维影视动画也是较理想的选择。

4）其他行业

随着我国科技的不断发展以及基础设施的持续完善，各行业对 3ds Max 三维设计人才的需求量也在不断增加，除了以上比较热门和容易就业的三大行业以外，在科研、医药、工业、勘探、人工智能、桥梁、隧道建设等领域也需要大量从事三维设计工作的人才。

1.2.2 3ds Max 三维设计的就业方向与职位分布分析

根据行业不同，3ds Max 三维设计的就业方向与职位分布有所不同，下面我们继续对 3ds Max 三维设计的就业方向与职位分布进行分析。

1）建筑行业就业方向与职位分布

建筑业是一个综合性较强的行业，其职位分布较广，就业方向多样，职业院校的学生根据所学专业不同，在建筑行业的就业方向及职位分布如下：

① 进入建筑设计研究院、设计事务所等设计单位，成为建筑设计师。

② 参加公务员考试进入城市规划等设计单位成为公务员。

③ 进入房地产行业，成为建筑设计人员。

④ 进入建筑装饰设计公司，成为室内、室外设计师。

⑤ 成立个人工作室，从事与三维设计有关的工作。

2）游戏行业就业方向与职位分布

游戏业也是一个许多三维设计人员青睐的行业，三维设计人员在该行业的就业方向及职位分布如下：

① 进入游戏公司，从事游戏角色、装备、场景等的建模工作。

② 进入游戏公司，从事游戏角色、装备、场景等的美术工作。

③ 进入游戏公司，从事游戏的故事情节等情景的策划工作。

④ 进入游戏公司，从事与游戏投放平台进行对接洽谈等的工作。

3）三维影视动画行业就业方向与职位分布

三维影视动画业是一个许多三维设计人员青睐的行业，三维设计人员在该行业的就业方向及职位分布如下：

① 进入电视媒体单位成为特效设计师，从事影视片头与特效设计工作。

② 进入房地产行业成为建筑设计师，从事建筑漫游动画设计工作。

③ 进入动画公司成为动画设计师，从事动画设计工作。

④ 进入电影公司成为电影特效师，从事电影特效制作工作。

⑤ 进入广告公司成为影视广告特效师，从事影视广告设计工作。

⑥ 成立个人工作室，从事三维影视动画设计工作。

4）其他行业就业方向与职位分布

3ds Max 三维设计在其他行业的就业方向会与个人职业能力和职业素养有关，基本职位包括项目设计、项目管理等。

1.3　3ds Max 与其他三维设计软件的交互

3ds Max 可以与许多三维设计软件进行交互，这对三维设计人员开展三维设计工作有很大帮助，本节就来讲解 3ds Max 与其他三维设计软件的交互知识。

1.3.1　3ds Max 与 ZBrush 交互

目前在 CG 行业中，ZBrush 在游戏制作、影视特效、动画美术等方面有更加广泛的应用，该软件可以使用更加细腻的笔刷塑造出如皱纹、发丝、青春痘、雀斑之类的效果，这些功能远超 3ds Max，因此，在制作更加细腻逼真的三维模型时，可以将 3ds Max 制作的粗模（不够精细的三维模型）导入 ZBrush 中进行二次开发。其方法是首先在 3ds Max 中将模型全部塌陷并导出为.OBJ 格式的文件，然后将其导入 ZBrush 中即可。

1.3.2　3ds Max 与 Maya 交互

Maya 与 3ds Max 同属 Autodesk 旗下的三维设计软件，是顶级三维动画软件，可以大大提高电影、电视、游戏等领域开发、设计、创作的工作流效率。设计者可以先将 3ds Max 创建的模型全部塌陷并导出为 Autodesk(*.FBX)格式的文件，然后将其导入 Maya 中进行二次编辑。

1.3.3　3ds Max 与 Rhino 交互

Rhino（犀牛）是一款功能强大的平民化的三维设计软件，之所以说它是平民化的，是因为它对计算机软、硬件的要求要比 3ds Max 或者 Maya 等低很多，但其三维建模功能一点也不打折，尤其是在工业设计领域，其擅长对产品外观造型进行建模。设计者可以先将 3ds Max 创建的模型塌陷并导出为.OBJ 格式的文件，然后将其导入 Rhino（犀牛）中进行二次编辑。

1.3.4　3ds Max 与 Cinema 4D 交互

Cinema 4D 的字面意思是 4D 电影，是一款三维设计软件，在广告、电影、工业设计等领域有出色的表现。设计者可以先将 3ds Max 创建的模型导出为.FBX 格式的文件，然后将其导入 Cinema 4D 中进行二次编辑。

1.3.5　3ds Max 与 SketchUp 交互

SketchUp 又名草图大师，是一款方便易用且功能强大的三维建模软件，其快速成型、易于编辑、直观的操作和表现模式的特点尤其有助于建筑师对方案的推敲。同时，实时的材质、光影表现可以帮助用户得到更为直观的视觉效果。设计者可以将 3ds Max 创建的模型导出为.OBJ 格式的文件（如果 3ds Max 模型使用了 V-Ray 材质，则需要将 V-Ray 材质转换为标准材质，并将材质指定到同一个文件夹中，另外，材质球名称不能使用汉字），然后在 SketchUp 中导入该模型即可。

1.4　3ds Max 三维设计的流程

3ds Max 三维设计有一套完整的设计流程，遵循该设计流程，可以提高三维设计的工作效率，使三维设计工作更规范和标准，本节以 3ds Max 建筑效果图制作为例，讲解 3ds Max 三维设计的基本流程。

1.4.1　导入平面图

平面图是使用 CAD 软件绘制，用于表达建筑物的平面、立面及内部结构的剖面图，又称

"三视图"。平面图可以作为三维建模的依据，使创建的三维模型更精准。

首先执行"导入"命令，选择要导入的平面图，按 Enter 键，或者单击"确定"按钮即可将其导入 3ds Max 中，然后在各视图中对平面图的方向和位置进行调整，使其对齐到合适位置。图 1-7 所示是导入的单体别墅建筑的平面图。

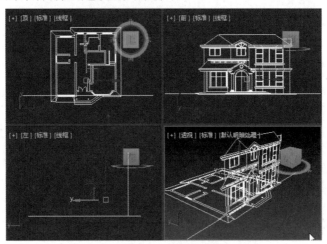

图 1-7　导入的单体别墅建筑的平面图

1.4.2　制作三维模型

在制作三维模型时，首先要设置 3ds Max 的系统单位，系统单位一般要与平面图的单位一致，这样才能保证制作的模型更加精确。另外，在建模时要严格依据 CAD 平面图的相关尺寸，根据模型的特点，采用合适的建模方法进行创建，不可随意改动模型尺寸。图 1-8 所示是根据别墅的 CAD 平面图在 3ds Max 中创建的别墅三维模型。

图 1-8　创建的别墅三维模型

1.4.3　设置摄像机与照明系统

三维场景中的摄像机就像人们的眼睛，在设置摄像机后，根据场景表现需要调整摄像机的视角，以校正三维场景的空间。在一般情况下，一台摄像机可表现一种视觉效果，设计者可以设置多台摄像机，从不同角度表现场景的多种视觉效果。图 1-9 所示是别墅的俯视效果和平视效果。

照明系统是三维效果表现的基础，可以根据场景需要设置一个或多个照明系统，模拟不同时间段场景的照明效果。图 1-10 所示是别墅正午 12:00 与下午 5:00 的自然光照明效果。

图 1-9　别墅的俯视效果和平视效果　　　　　图 1-10　别墅场景不同时间段的自然光照明效果

1.4.4　为模型制作材质与贴图

为模型制作材质与贴图是表现模型外观效果的主要手段，在制作材质与贴图时要严格按照设计图纸所标注的材料的类型去制作，使其尽量与产品实际所用材料在颜色、类型、质感等方面一致，这样才能真正体现出建筑物设计者的设计思想。图 1-11 所示是为别墅模型制作材质与贴图后的效果。

图 1-11　为别墅模型制作材质与贴图后的效果

1.4.5　渲染、输出与后期处理

渲染、输出是三维设计的最后环节。只有通过渲染、输出，才能真正表现出模型的质感。在 3ds Max 建筑设计中，渲染、输出建筑场景后，还需要对其进行后期处理。所谓后期处理，就是利用第三方软件对场景进行完善。例如，调整颜色、添加配景等，使建筑场景效果更加完美。图 1-12 所示是在 Photoshop 中对别墅三维建筑场景进行后期处理后的效果。

图 1-12　在 Photoshop 中对别墅三维建筑场景进行后期处理后的效果

1.5 熟悉 3ds Max 默认工作界面

本节以 3ds Max 2020 为例讲解软件的默认工作界面，后续的所有知识讲解和案例操作都在该工作界面中进行，其他工作界面与此相似，在此不做讲解。

1.5.1 启动程序进入默认工作界面

当在计算机上安装了 3ds Max 2020 软件后，双击桌面上的 图标或单击桌面任务栏中的 "开始" 按钮，选择 3ds Max 2020-simplified Chinese 选项，即可启动该软件，首先进入欢迎界面，该界面以滚动的形式分别展示了 3ds Max 2020 的基本操作、新增功能介绍等内容。

单击欢迎界面右上角的 "关闭" 按钮将其关闭，进入 3ds Max 2020 默认工作界面，该界面沿袭了 3ds Max 其他版本的界面布局，包括标题栏、菜单栏、主工具栏、工作区切换、状态栏、"命令" 面板及 "场景资源管理器" 面板等几大区域，各区域又包含多个功能按钮，如图 1-13 所示。

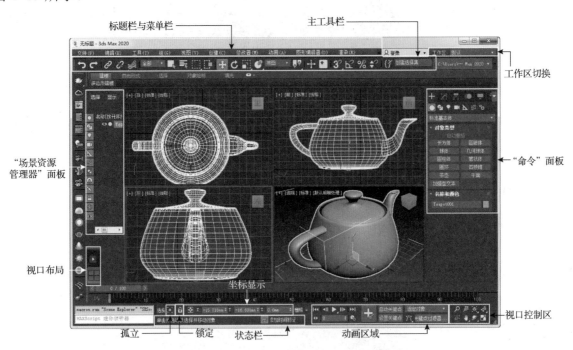

图 1-13　3ds Max 2020 默认工作界面

3ds Max 2020 默认工作界面与早期版本基本相同，其界面功能也与其他应用软件基本相似，部分功能的具体应用技巧在后面章节将通过案例进行讲解。

1.5.2 "场景资源管理器" 面板

"场景资源管理器" 面板位于工作界面的左侧，包括菜单栏、过滤工具栏和对象列表 3 部分，用于对场景对象进行选择、显示、冻结、管理等操作，如图 1-14 所示。

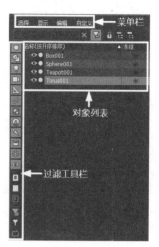

图 1-14 "场景资源管理器"面板

课堂讲解——"场景资源管理器"面板的操作与应用

（1）打开"素材"/"三维场景.max"文件，该场景包含多种不同属性的对象，下面通过"场景资源管理器"面板实现对场景对象的管理与操作。

（2）菜单栏：执行相应菜单命令，实现对场景对象的选择、显示、编辑等操作。例如，执行"选择"/"全部"命令，场景中的所有对象被全部选择，如图 1-15 所示。

（3）过滤工具栏：根据对象类型过滤场景对象。例如，单击 "二维图形"按钮，所有二维图形对象在对象列表中被过滤，如图 1-16 所示。

图 1-15 场景对象被全部选择

图 1-16 过滤二维图形对象

（4）对象列表：用于显示、隐藏、冻结场景对象等。例如，单击名为 Box001 的对象，该对象被选择，如图 1-17 所示。

（5）单击对象名称前面的 图标，图标消失，该对象被隐藏，在场景中不可见，如图 1-18 所示。

图 1-17 选择对象

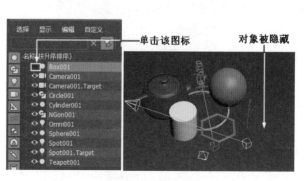

图 1-18 隐藏对象

1.5.3 "创建"面板

"创建"面板位于界面右侧的"命令"面板中，是 3ds Max 的重要组成部分，用于创建三维、二维、摄像机、灯光等一系列场景对象。

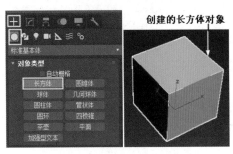

图 1-19 创建长方体对象

（1）在"命令"面板中单击 ╋ "创建"按钮进入"创建"面板，单击相关按钮进入各对象的创建面板。例如，单击 ◯ "几何体"按钮进入几何体创建面板。

（2）在其下拉列表中选择对象类型。例如，选择"标准基本体"类型，在"对象类型"卷展栏中单击 长方体 按钮，在视口中拖曳鼠标即可创建一个长方体对象，如图 1-19 所示。

1.5.4 "修改"面板

"修改"面板位于"命令"面板中，用于修改对象参数以及为对象添加修改器以进行编辑，是 3ds Max 不可缺少的建模工具。

课堂讲解——"修改"面板的操作与应用

（1）继续 1.5.3 节案例的操作。选择被创建的长方体对象，在"命令"面板中单击 ◪ "修改"按钮进入"修改"面板。

（2）展开"参数"卷展栏，修改长方体对象的长度、宽度、高度等相关参数，如图 1-20 所示。

（3）也可以在修改器列表中选择修改器，对对象进行深入编辑。例如，选择 Bend 修改器，设置参数，对长方体对象进行弯曲修改，如图 1-21 所示。

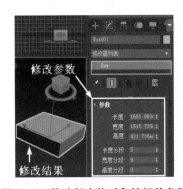

图 1-20 修改长方体对象的相关参数

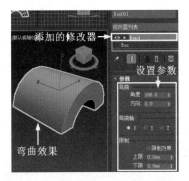

图 1-21 添加修改器修改对象

1.5.5 视口

视口也叫"视图"，是用户创建、查看模型对象的主要区域。默认设置下的视口布局是大小相等的 3 个正投影视图和 1 个斜投影视图。3 个正投影视图分别是顶视图、左视图、前视图，用于显示模型对象的顶面、左面、前面；斜投影视图也叫"透视图"，用于显示模型对象的透视效果。在实际工作中，用户可以自行设置视口布局与大小。

课堂讲解——设置视口布局与大小

（1）打开"素材"/"洗手池与水龙头.max"文件，模型被显示在 4 个大小相等的视口中。

（2）移动光标到视口中间位置并拖曳鼠标，光标显示 4 面箭头图标，拖曳鼠标改变视口大小，如图 1-22 所示。

（3）单击界面左下角的 ▶ "创建新的视口布局选项卡"按钮，打开"标准视口布局"列表框，选择视口布局的类型，可以改变视口布局，如图 1-23 所示。

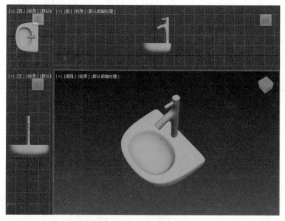

图 1-22　调整视口大小

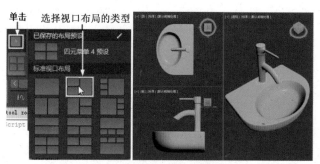

图 1-23　改变视口布局

1.5.6　切换视图

在实际工作中，切换视图可以方便用户操作和观察模型。例如，将前视图切换为顶视图，将透视图切换为左视图等。

课堂讲解——切换视图

（1）移动光标到"顶视图"名称位置并单击，在弹出的下拉列表中选择"前"选项，将"顶视图"切换为"前视图"，如图 1-24 所示。

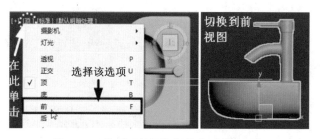

图 1-24　将"顶视图"切换为"前视图"

（2）使用相同的方法，可以继续将"前视图"切换为"左视图"。

📎小贴士：

3ds Max 系统为各视图设置了快捷键，激活视图，按快捷键即可切换视图，其中，切换到"透视图"的快捷键为 P、切换到"前视图"的快捷键为 F、切换到"左视图"的快捷键为 L、切换到"顶视图"的快捷键为 T、切换到"底视图"的快捷键为 B、切换到"正视图"的快捷键为 U。

1.5.7　视图的着色模式

着色模式是指对象在视图中的显示方式。在默认设置下，对象在"透视图"中以"默认明暗处理"着色模式显示，而在其他视图中则以"线框覆盖"着色模式显示。在实际工作中，为了便于观察模型，用户可以重新设置视图的着色模式。

课堂讲解——设置视图的着色模式

（1）打开"素材"/"抱枕.max"文件，抱枕模型在各视图中的着色模式如图 1-25 所示。

（2）移动光标到"透视图"左上角模式控件按钮上并单击，在弹出的下拉列表中选择"线框覆盖"选项，此时"透视图"中的抱枕模型以"线框覆盖"着色模式显示，如图 1-26 所示。

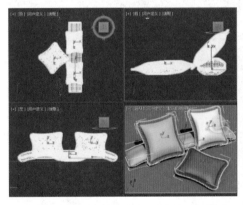

图 1-25　抱枕模型在各视图中的着色模式

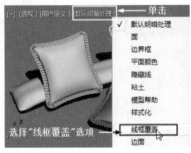

图 1-26　设置"透视图"的着色模式

（3）继续移动光标到"顶视图"左上角模式控件按钮上并单击，在弹出的下拉列表中选择"默认明暗处理"选项，此时"顶视图"中的抱枕模型以"默认明暗处理"着色模式显示。

📎小贴士：

反复按键盘上的 F3 键，模型会在"线框覆盖"和"默认明暗处理"两种着色模式之间进行切换，在"默认明暗处理"着色模式下按 F4 键，可以显示模型的线框和实体效果，这种模式也叫"边面"着色模式，这有利于用户在编辑模型时观察模型的变换效果。

1.5.8　操作视图

在 3ds Max 2020 工作界面右下角有一组视图控件按钮，使用这些按钮就可以进行缩放视图、显示对象等操作，如图 1-27 所示。

打开"素材"/"沙发与坐垫.max"文件，下面讲解操作视图的相关知识。

课堂讲解——操作视图

图 1-27　视图控件按钮

（1）缩放视图：单击 "缩放"按钮，移动光标到"透视图"中，向上拖曳鼠标放大视图，向下拖曳鼠标缩小视图，如图 1-28 所示。

（2）局部缩放视图：单击 "缩放区域"按钮，在"前视图"中拖曳鼠标选取坐垫，释放鼠标，坐垫被放大，如图 1-29 所示。

图 1-28　缩放视图

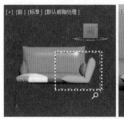
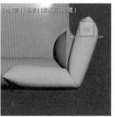

图 1-29　缩放坐垫

📋 **小贴士：**

在局部缩放视图时，当激活"透视图"后， "缩放区域"按钮将变为 "视野"按钮，此时可拖曳鼠标调整"透视图"的视野。

（3）缩放所有视图：单击 "缩放所有视图"按钮，在任意视图中拖曳鼠标，其他视图被同时缩放，如图 1-30 所示。

📋 **小贴士：**

在视图中向上滚动鼠标滑轮可放大视图，向下滚动鼠标滑轮可缩小视图。

（4）最大化显示：激活"透视图"，单击 "最大化显示"按钮，"透视图"中的所有对象被全部最大化显示，如图 1-31 所示。

（5）最大化显示选定对象：单击充气沙发对象将其选择，单击 "最大化显示选定对象"按钮，充气沙发对象被最大化显示，如图 1-32 所示。

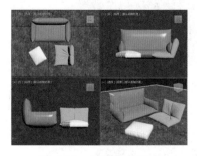

图 1-30　缩放所有视图　　　图 1-31　"透视图"中的所有对象　　　图 1-32　充气沙发对象
　　　　　　　　　　　　　　　　被全部最大化显示　　　　　　　　被最大化显示

📋 小贴士：

移动光标到视图上并右击，视图周围显示黄色线框，表示该视图被激活。另外，在视图的对象上单击，对象被选择，此时对象以白色线框显示。

（6）单击 🖽 "所有视口最大化显示选定对象" 按钮，4 个视图中被选定的充气沙发对象被最大化显示，如图 1-33 所示。

（7）单击 🖽 "所有视口最大化显示" 按钮，4 个视图中的所有对象被最大化显示，如图 1-34 所示。

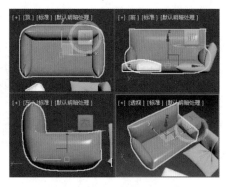

图 1-33　所有视图最大化显示被选定对象

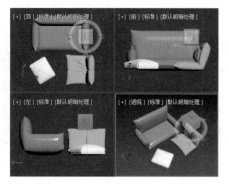

图 1-34　所有视图最大化显示所有对象

（8）单击 🖽 "最大化视口切换" 按钮，或者按 Alt+W 快捷键，可将当前视图最大化显示。

📋 小贴士：

按 Ctrl+Shift+Z 快捷键，可将所有视图最大化显示，按 Z 键可最大化显示被选定对象。

（9）环绕观察场景：激活 "透视图"，并单击 🖽 "环绕" 按钮，拖动环绕框，以视图中心为环绕中心动态观察场景，如图 1-35 所示。

（10）单击选择坐垫对象，并单击 🖽 "选定的环绕" 按钮，拖动环绕框，以坐垫为环绕中心动态观察场景，如图 1-36 所示。

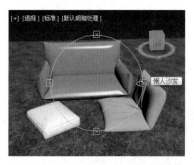

图 1-35　以视图中心环绕

图 1-36　以选定对象环绕

📋 小贴士：

如果在 3 个正投影视图（前、左、顶）中环绕视图，则正投影视图会变为正交视图。

1.6 3ds Max 的基本操作与设置

3ds Max 的基本操作与设置包括新建、保存、重置场景；归档，导入、导出场景文件；设置系统单位与捕捉模式等。

1.6.1 新建与重置

新建与重置是 3ds Max 的基本操作之一，本节讲解新建与重置场景的相关知识。

课堂讲解——新建与重置

新建包括"新建全部"和"从模板新建"两种方式，其中"新建全部"是指新建一个全新的场景，而"从模板新建"则是指调用系统预设的三维场景。

执行"文件"/"新建"/"新建全部"命令，即可新建场景文件。

"重置"其实就是指重新打开 Starup.max 默认文件，并不会修改界面的布置。

执行"文件"/"重置"命令后，会打开一个询问对话框，询问是否保存场景，如图 1-37 所示。

如果不需要保存该场景，则直接单击 不保存(N) 按钮，再次打开询问对话框，询问是否要重置，单击 是(Y) 按钮，则场景被重置，重新得到一个新的场景，如图 1-38 所示。

图 1-37 询问对话框（1）

图 1-38 询问对话框（2）

1.6.2 打开与打开最近

"打开"是指向场景中引入 .max 格式的 3ds Max 文件，而"打开最近"是指打开最近打开过的场景文件，本节讲解"打开"与"打开最近"的相关知识。

课堂讲解——打开与打开最近

（1）执行"文件"/"打开"命令，弹出"打开文件"对话框，选择要打开的场景文件，单击 打开(O) 按钮，即可打开该场景文件。

（2）执行"文件"/"打开最近"命令，在其下拉列表中会显示最近打开过的至少 10 个文件，如图 1-39 所示。

图 1-39　最近打开过的文件

（3）选择所有要打开的文件，即可将所选择的文件打开。

1.6.3　保存与归档

"保存"是指将场景文件保存或另存，而"归档"是指将场景文件中的模型、灯光、材质等所有资源全部压缩为一个压缩包并保存，以避免场景文件资源的丢失。

课堂讲解——保存与归档

1. 保存

3ds Max 提供了 4 个保存场景文件的命令，分别是保存、保存为副本、保存选定对象及另存为，执行任意一个命令都会打开"文件另存为"对话框，选择保存路径、格式并命名，单击 保存(S) 按钮，即可将场景文件进行保存。

其中，执行"保存"命令可以将场景按原路径、原名称进行保存；执行"另存为"命令可以将原场景重新进行命名并保存；执行"保存选定对象"命令可以将被选定的对象保存为一个场景；执行"保存为副本"命令可以将原场景保存为文件副本。

✍ **小贴士：**

3ds Max 文件的保存格式为.max。另外，3ds Max 低版本不能打开高版本所创建的场景文件，为了使场景文件能在更低的版本中打开，可以在保存场景文件时选择低版本类型进行保存。

2. 归档

"归档"是一个非常重要的命令，它会将场景内的线架文件、贴图文件、光域网文件等所有内容打包为一个压缩包进行保存，以防止丢失这些文件。

执行"文件"/"归档"命令，打开"文件归档"对话框，选择保存路径、保存类型并为场景命名，单击 保存(S) 按钮，将该场景文件进行压缩并保存。

✏️ 小贴士：

要打开归档后的场景文件，只需解压缩该压缩包，然后选择场景文件打开即可。

1.6.4 导入、导出与合并

"导入"是指向场景中导入其他格式的文件，以满足当前三维场景的需要，而"导出"是指将当前三维场景中的模型导出为其他格式的三维文件，以方便对其进行二次编辑，"合并"与"导入"有些相似，是指将其他三维文件导入当前场景中，使其成为当前场景的一部分。本节讲解相关知识。

课堂讲解——导入、导出与合并

用户可以向 3ds Max 中引入第三方软件所创建的文件，以满足三维设计的要求。例如，导入 CAD 文件。

（1）执行"文件"/"导入"/"导入"命令，打开"选择要导入的文件"对话框，选择要导入的 CAD 文件，单击 打开(O) 按钮，打开"AutoCAD DWG/DXF 导入选项"对话框。

（2）在"AutoCAD DWG/DXF 导入选项"对话框中分别进入"几何体""层""样条线渲染"选项卡设置相关参数，单击 确定 按钮，即可将 CAD 文件导入 3ds Max 场景中，如图 1-40 所示。

另外，用户可以将 3ds Max 场景文件导出为其他格式的文件，以方便在第三方软件中对其进行再次编辑。例如，将 3ds Max 场景文件导出为.OBJ 格式的文件。

（1）执行"文件"/"导出"/"导出"命令，打开"选择要导出的文件"对话框，在"保存类型"下拉列表中选择"OBJ-Exporter(*.OBJ)"类型，并为其命名，选择存储路径。

（2）单击 确定 按钮打开"OBJ 导出选项"对话框，在该对话框中设置相关选项，单击 确定 按钮将该文件导出为.OBJ 格式的文件。

用户也可以将其他 3ds Max 场景文件合并到当前场景中。

（1）执行"文件"/"导入"/"合并"命令，打开"合并文件"对话框，选择要合并的三维场景文件，单击 打开(O) 按钮，打开"合并"对话框，如图 1-41 所示。

（2）在"列出类型"选项组中过滤掉无须合并的对象，如灯光、摄像机等，过滤时只需取消对象的勾选即可，在左侧列表框中选择要合并的对象，单击 确定 按钮进行合并。

需要注意的是，如果在合并文件时存在对象名称与场景文件名称相同的情况，则弹出"重复名称"对话框，单击 合并 按钮，将按照右侧的名称合并文件；单击 跳过 按钮不合并该文件；单击 删除原有 按钮在合并之前删除当前场景中的同名文件；单击 自动重命名 按钮，将全部重名的对象以副本名称进行合并，如图 1-42 所示。

如果合并对象的材质与场景中的对象材质重名，则弹出"重复材质名称"对话框，单击 重命名合并材质 按钮，在合并前将对被合并的同名材质进行重命名；单击 使用合并材质 按钮，将使用合对象的材质替换场景中的同名材质；单击 使用场景材质 按钮，将使用场景材质替换合并对象的重名材质；单击 自动重命名合并材质 按钮，将合并对象重名的材质自动命名；勾选"应用于所有重复情况"复选框，将全部重名的材质以副本名称进行合并，如图 1-43 所示。

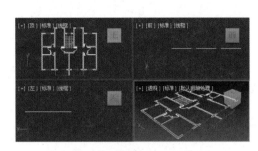

图 1-40　导入 CAD 文件

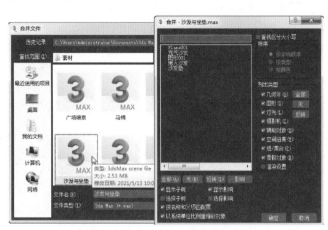

图 1-41　合并文件的操作

图 1-42　"重复名称"对话框

图 1-43　"重复材质名称"对话框

1.6.5　设置系统单位与捕捉模式

单位是 3ds Max 精确建模的关键。在系统默认设置下，3ds Max 使用的是美国标准单位，这不符合我国对图形设计的单位要求，因此，在进行三维设计之前，需要重新设置系统单位。另外，捕捉功能可以帮助用户精确绘图。本节讲解设置系统单位与捕捉模式的相关知识。

课堂讲解——设置系统单位与捕捉模式

（1）执行"自定义"/"单位设置"命令，打开"单位设置"对话框，在"显示单位比例"选项组中列出了常用的一些系统单位，如图 1-44 所示。

（2）选中"公制"单选按钮，并设置系统单位为"毫米"，单击 系统单位设置 按钮，打开"系统单位设置"对话框，设置系统单位比例，此处采用默认设置，如图 1-45 所示。

（3）单击 确定 按钮，回到"单位设置"对话框，再次单击 确定 按钮关闭该对话框，完成系统单位的设置。

捕捉包括"特征点"捕捉和"角度"捕捉，当设置"特征点"捕捉后，在三维建模操作

中，光标会自动吸附到模型对象的特定位置；当设置"角度"捕捉后，在进行旋转操作时，模型对象会按照指定的角度进行旋转，这些都是精确建模的关键。

图 1-44   "单位设置"对话框

图 1-45   "系统单位设置"对话框

（1）移动光标到主工具栏的  "捕捉开关"按钮上并右击，打开"栅格和捕捉设置"对话框，在"捕捉"选项卡中勾选所要捕捉的内容选项即可激活该捕捉模式，如图 1-46 所示。

（2）进入"选项"选项卡，在"角度"选项中设置角度捕捉的度数，其他选项按照默认设置，如图 1-47 所示。

图 1-46   设置捕捉模式

图 1-47   设置角度捕捉度数

设置完成后关闭该对话框即可。需要说明的是，在设置相关捕捉模式后，要激活 **2** "捕捉开关"按钮和 **角度捕捉切换**"按钮，捕捉功能才能起作用。

📖 知识巩固与能力拓展

1. 3ds Max 2020 有多少个工作界面？
2. 切换为前视图的快捷键是什么？
3. 3ds Max 2020 一共有多少个正投影视图和正交视图？
4. 要想使模型以"边面"着色模式显示，需要按哪个快捷键？
5. 合并与导入的区别是什么？
6. 归档对保存场景有什么好处？

三维设计基础——对象的基本操作 第2章

↓ **工作任务分析**

　　本任务主要学习 3ds Max 对象的基本操作知识，内容包括选择对象、变换对象、阵列对象以及对象的其他操作方法，为后续深入学习 3ds Max 奠定基础。

↓ **知识学习目标**

- 掌握对象的选择技能。
- 掌握对象的变换技能。
- 掌握对象的阵列技能。
- 掌握对象的其他操作技能。

↓ **技能实践目标**

- 能够使用不同的方法选择对象。
- 能够移动、旋转、缩放对象。
- 能够阵列对象。

掌握三维对象的基本操作是 3ds Max 三维设计的基础。本章学习对象的基本操作知识。

2.1 选择对象

3ds Max 2020 提供了多种选择方式，每种方式都有各自的特点，可以满足实际工作中的各种选择要求。本节讲解选择对象的方式。

2.1.1 单击

使用"单击"方式一次只能选择一个对象，如果配合功能键，则可以选择多个对象。打开"素材"/"沙发坐垫.max"文件，使用"单击"方式选择场景中的"懒人沙发"对象。

课堂讲解——使用"单击"方式选择"懒人沙发"对象

（1）单击主工具栏中的■"选择"按钮，移动光标到"懒人沙发"对象上，对象周围会出现亮黄色线框。

（2）单击"懒人沙发"对象，对象被选择，如图 2-1 所示。

课堂练习——选择其他对象

使用"单击"方式选择对象时，在按住 Ctrl 键的同时依次单击对象，即可同时选择多个对象。下面读者自己尝试将场景中的"充气沙发"、"懒人沙发"及"坐垫"3个对象同时选择，感受"单击"选择对象的方式，如图 2-2 所示。

图 2-1 选择"懒人沙发"对象

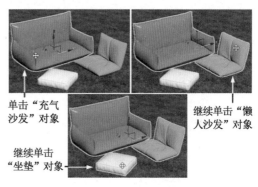

单击"充气沙发"对象

继续单击"懒人沙发"对象

继续单击"坐垫"对象

图 2-2 选择多个对象

📋 **小贴士：**

如果想取消对对象的选择，可以在按住 Alt 键的同时单击对象，对象会退出选择状态，读者不妨自己试试。

2.1.2 窗口/交叉

"窗口"和"交叉"是两种选择方式，这两种方式的选择方法相同，都是拖曳鼠标拉出选择框以选择对象，但选择结果不同。

系统默认为"交叉"选择方式，这种方式可以选择包围在选择框内以及与选择框相交的对象。打开"素材"/"小桌、坐垫与插花.max"文件，使用"交叉"方式选择所有对象。

课堂讲解——使用"交叉"方式选择对象

（1）在透视图中拖曳鼠标拉出选择框，将花瓶与坐垫包围在选择框内，并使选择框与小桌和插花相交。

（2）释放鼠标，所有对象被全部选择，如图 2-3 所示。

课堂练习——使用"窗口"方式选择对象

在使用"窗口"方式选择对象时，只有被选择框全部包围的对象才能被选择。单击主工具栏中的 ⬚ "交叉"按钮以显示 ⬛ "窗口"按钮，此时切换选择方式为"窗口"方式。

下面读者自己尝试使用"窗口"方式选择"坐垫"与"插花"对象，看看该方式与"交叉"选择方式有什么不同，如图 2-4 所示。

图 2-3　所有对象被全部选择

图 2-4　使用"窗口"方式选择对象

2.1.3　按名称选择

用户可以按名称选择对象，这种方式更方便、快捷。打开"素材"/"广场喷泉.max"文件，使用"按名称选择"方式快速选择 6 个小喷泉对象。

课堂讲解——按名称选择对象

（1）单击主工具栏中的 "按名称选择"按钮，打开"从场景选择"对话框。

（2）在按住 Ctrl 键的同时单击列表框中的"小喷泉 01"~"小喷泉 06"6 个对象名称。

（3）单击 按钮关闭该对话框，场景中的 6 个小喷泉对象被全部选择，如图 2-5 所示。

图 2-5　按名称选择对象

✎ 小贴士：

"从场景选择"对话框包括"过滤工具"和"对象列表"两部分，其操作方法与 1.5 节中"场景资源管理器"面板的操作方法相同，可以在选择对象时进行过滤，以方便选择需要的对象，在此不再赘述。

课堂练习——按名称选择对象

读者自己尝试使用"按名称选择"方式选择场景中的内水池、外水池对象，如图 2-6 所示。

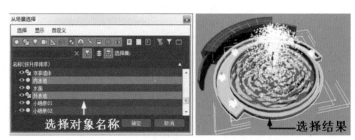

图 2-6　选择内水池、外水池对象

2.1.4 选择过滤器

"选择过滤器"是一个辅助选择工具，类似于"按名称选择"中的过滤功能，可以对场景对象进行过滤，该工具经常与"窗口"选择方式结合使用。系统默认其过滤类型为"全部"，这表示在选择对象时不进行任何过滤，如图 2-7 所示。

图 2-7 默认设置下的过滤类型

用户可以根据具体情况设置过滤类型。打开"素材"/"三维场景.max"文件，该场景中包含几何体、样条线、灯光及摄像机 4 种类型的对象，下面使用"选择过滤器"工具，并结合"窗口"选择方式快速选择场景中的所有灯光对象。

课堂讲解——选择过滤器

（1）单击 "交叉"按钮以显示 "窗口"按钮，切换选择方式。

（2）在过滤类型下拉列表中选择"L-灯光"过滤类型。

（3）在透视图中拖曳鼠标将所有对象包围在选择框内，释放鼠标，所有灯光对象被全部选择，如图 2-8 所示。

课堂练习——使用"选择过滤器"工具选择所有图形对象

下面读者自己尝试使用"选择过滤器"工具，并结合"窗口"选择方式快速选择场景中的所有图形对象，如图 2-9 所示。

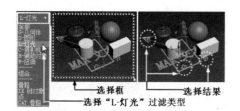

图 2-8 选择所有灯光对象

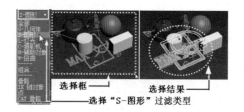

图 2-9 选择所有图形对象

2.2 变换的基础知识

在 3ds Max 系统中，变换包括"移动"、"旋转"和"缩放"等操作，对象坐标系、坐标中心、参考坐标系及轴点中心是变换的基础，本节讲解相关知识。

2.2.1 对象坐标系与坐标中心

在 3ds Max 系统中，对象有自身的坐标系，该坐标系由 X 轴（以红色表示）、Y 轴（以绿色表示）和 *Z* 轴（以蓝色表示）3 个坐标轴组成，坐标轴形成 *XY*、*XZ* 和 *YZ* 3 个坐标平面，坐标轴和坐标平面是变换对象的依据。本节讲解对象坐标系与坐标中心的相关知识。

课堂讲解——对象坐标系与坐标中心

（1）创建任意对象并将其选择，对象上将显示坐标系。

（2）移动光标到坐标轴或坐标平面上，坐标轴或坐标平面显示黄色，此时可以沿该轴或该平面变换对象。不同的变换操作会显示不同的变换图标。

图 2-10 所示是沿各轴或平面移动变换对象。图 2-11 所示是沿各轴或平面缩放变换对象。

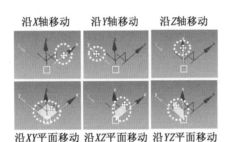

图 2-10　移动变换　　　　　　　　　　　图 2-11　缩放变换

图 2-12 所示是沿各轴旋转变换对象。

在默认设置下，对象坐标系位于对象的中心，但用户可以根据需要改变其位置。例如，茶壶坐标系位于茶壶中心，单击"命令"面板中的 █"层次"按钮，在"调整轴"选项组下单击 仅影响轴 按钮，在视图中移动茶壶坐标系到茶壶嘴位置，并单击 仅影响轴 按钮退出，如图 2-13 所示。

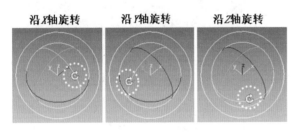
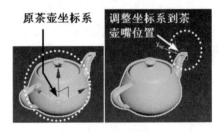

图 2-12　旋转变换　　　　　　　　　　　图 2-13　调整对象坐标系位置

📖 **小贴士：**

单击 █"层次"按钮，在"对齐"选项组下单击 居中到对象 按钮，可以使对象坐标系对齐到对象中心。

2.2.2　参考坐标系与轴点中心

参考坐标系与轴点中心是变换对象的重要依据。本节继续讲解相关知识。

课堂讲解——参考坐标系与轴点中心

3ds Max 系统提供了"视图""屏幕""世界""父对象""局部""万向""栅格""工作""局部对齐""拾取"10 个参考坐标系用于变换对象，如图 2-14 所示。

系统默认采用的是"视图"坐标系，用户可以根据具体需要选择其他坐标系。其中，"拾取"坐标系是用户自定义的坐标系，它取自对象自身的坐标系，但允许另一个对象使用该坐标系。

而轴点中心用于选择变换的中心，包括 "使用轴点中心"、 "使用选择中心"及 "使用变换坐标中心"，如图 2-15 所示。

其中，"轴点中心"是对象自身的中心，"选择中心"是多个对象的公共中心，"变换坐标中心"是指将另一个对象的中心作为当前对象的参考中心，该功能通常与"拾取"坐标系配合使用。例如，选择茶壶，在"参考坐标系"下拉列表中选择"拾取"选项，在视图中单击球体，在"轴点中心"下拉列表中选择 "使用变换坐标中心"选项，此时发现茶壶以球体的坐标系作为自身的参考坐标系，如图 2-16 所示。

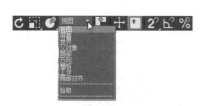
图 2-14　选择参考坐标系

图 2-15　轴点中心

图 2-16　茶壶以球体的坐标系作为参考坐标系

2.3　变换与变换克隆

在变换对象时可以克隆对象，"克隆"其实就是复制，通过克隆可得到多个相同对象，本节讲解变换与变换克隆对象的相关知识。

2.3.1　移动与移动克隆

用户可以沿任意轴或平面移动对象，在移动对象的同时还可以克隆对象，得到多个相同对象。打开"素材"/"小桌、鱼缸与花.max"文件，将玻璃鱼缸移动到小桌上，并将其克隆一个。

课堂讲解——移动与移动克隆

（1）右击并在弹出的快捷菜单中选择"移动"命令，在顶视图中单击玻璃鱼缸，并移动光标到 XY 平面上，按住鼠标将玻璃鱼缸移动到小桌位置，如图 2-17 所示。

（2）按 L 键切换到左视图，观察到玻璃鱼缸位于小桌的下方，继续移动光标到 *Y* 轴上，将玻璃鱼缸向上移动到小桌上，如图 2-18 所示。

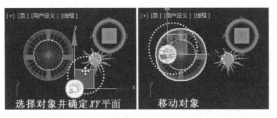
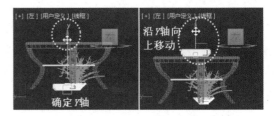

图 2-17　在顶视图中移动玻璃鱼缸　　　　　图 2-18　在左视图中移动玻璃鱼缸

（3）按 P 键切换到透视图，调整视角观察模型，发现玻璃鱼缸已被移动到小桌上。

下面通过移动克隆一个玻璃鱼缸。

（1）在顶视图中，在按住 Shift 键的同时将玻璃鱼缸沿 *X* 轴移动到小桌中间位置并释放鼠标，打开"克隆选项"对话框，如图 2-19 所示。

（2）单击　确定　按钮关闭该对话框，完成移动克隆操作。

课堂练习——将花移动到小桌上并克隆一个

读者自己尝试将花移动到小桌上，并将其克隆一个，效果如图 2-20 所示。

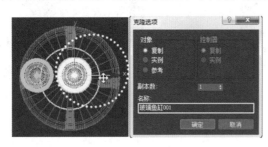

图 2-19　移动克隆　　　　　　　图 2-20　移动并克隆花

2.3.2　旋转与旋转克隆

旋转对象可以改变对象的角度，也可以通过旋转克隆对象。如果设置并启用角度捕捉功能，则可以进行精确旋转。

打开"素材"/"抱枕.max"文件，将前面的抱枕对象沿 *Z* 轴旋转 45°，再将其沿 *Y* 轴旋转 90°并克隆一个。

课堂讲解——旋转与旋转克隆

（1）单击主工具栏中的 ▶ "角度捕捉切换"按钮并右击打开"栅格和捕捉设置"对话框，在"角度"输入框中输入 45，然后关闭该对话框。

（2）右击并在弹出的快捷菜单中选择"旋转"命令，在透视图中单击前面的抱枕对象，移动光标到 *Z* 轴，向右拖曳鼠标将抱枕对象旋转 45°，如图 2-21 所示。

（3）在 "角度捕捉切换"按钮上右击打开"栅格和捕捉设置"对话框，在"角度"输入框中输入 90，然后关闭该对话框。

（4）移动光标到 Y 轴，在按住 Shift 键的同时向下拖曳鼠标将抱枕对象旋转 90°，释放鼠标，打开"克隆选项"对话框，单击 确定 按钮，完成旋转克隆操作，如图 2-22 所示。

图 2-21　旋转对象

图 2-22　旋转克隆对象

（5）将克隆的抱枕对象沿 Y 轴向左移动到合适位置，效果如图 2-23 所示。

小贴士：

旋转克隆时的"克隆选项"对话框设置与移动克隆时的"克隆选项"对话框设置完全相同，在此不再赘述。

课堂练习——将抱枕 02 对象沿 Y 轴旋转 90° 并克隆一个

读者自己尝试将抱枕 02 对象沿 Y 轴旋转 90° 并克隆一个，然后将其移动到右边，如图 2-24 所示。

图 2-23　移动对象　　　　　　　　　　　图 2-24　旋转克隆对象

2.3.3　缩放与缩放克隆

3ds Max 系统提供了 3 种缩放方式，分别是 "选择并均匀缩放"、 "选择并非均匀缩放"和 "选择与挤压"。

在主工具栏中的 "选择并均匀缩放"按钮上按住鼠标不放，此时会显示其他 2 种缩放按钮，移动光标到其他按钮上并释放鼠标即可选择相关按钮，如图 2-25 所示。

拖曳鼠标可放大或缩小对象，在按住 Shift 键的同时拖曳鼠标可以缩放克隆对象。打开"素材"/"沙发与坐垫.max"文件，将坐垫沿 XY 平面均匀放大。

课堂讲解——缩放与缩放克隆

单击 "选择并均匀缩放"按钮，在透视图中单击坐垫对象，然后移动光标到 XY 平面上，按住鼠标向下拖曳可均匀放大对象，如图 2-26 所示。

图 2-25　缩放按钮

图 2-26　均匀放大坐垫对象

下面缩放克隆懒人沙发对象。

（1）单击懒人沙发对象，移动光标到 XY 平面上，在按住 Shift 键的同时向上拖曳鼠标缩小并克隆对象，如图 2-27 所示。

（2）释放鼠标打开"克隆选项"对话框，单击 确定 按钮关闭该对话框，完成缩放克隆操作。

（3）右击并在弹出的快捷菜单中选择"移动"命令，将缩放克隆的懒人沙发对象拖到合适位置，效果如图 2-28 所示。

课堂练习——均匀缩小并克隆充气沙发对象

读者自己尝试将充气沙发对象沿 X 轴均匀缩小并克隆一个，然后将其旋转、移动到左边，效果如图 2-29 所示。

图 2-27　缩放克隆　　　　　图 2-28　缩放克隆结果　　　　图 2-29　均匀缩小并克隆充气沙发对象

2.3.4　镜像与镜像克隆

"镜像"是指将对象沿轴或平面进行翻转或克隆。打开"素材"/"圆形会议桌.max"文件，单击圆形会议桌对象，按 Delete 键将其删除，只保留老板椅对象，下面将老板椅对象沿 X 轴进行镜像并克隆。

课堂讲解——镜像与镜像克隆

（1）单击老板椅对象将其选择，然后单击主工具栏中的 "镜像"按钮打开"镜像：坐标"对话框，在"镜像轴"选项组中选中 X 单选按钮，此时老板椅对象沿 X 轴进行了镜像，如图 2-30 所示。

（2）在"克隆当前选择"选项组中选中"实例"单选按钮，将老板椅对象沿 X 轴进行镜像克隆，并调整"偏移"值进行偏移，效果如图 2-31 所示。

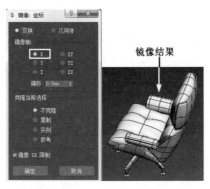

图 2-30 镜像老板椅对象

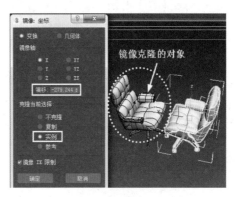

图 2-31 镜像克隆老板椅对象

（3）单击 确定 按钮关闭"镜像：坐标"对话框。

课堂练习——沿其他轴或平面镜像与镜像克隆老板椅对象

用户可以在"镜像轴"选项组中选择镜像的轴或平面，在"克隆当前选择"选项组中设置镜像克隆的方式，其方式与"克隆选项"对话框中的设置完全相同。另外，在镜像克隆后可以通过设置"偏移"值调整镜像克隆后的对象与原对象之间的位置。下面读者自己尝试将老板椅对象沿不同轴或平面进行镜像与镜像克隆。

综合实训——快速布置会议室

打开"素材"/"圆形会议桌.max"文件，应用前面章节所学知识，快速在圆形会议桌周围布置 12 把老板椅，并在圆形会议桌中间摆放一盆绿植，对前面所学的变换与变换克隆知识进行巩固，为后续深入学习 3ds Max 软件奠定基础。其操作流程如图 2-32 所示。

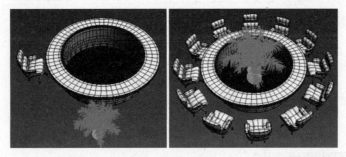

图 2-32 快速布置会议室

操作步骤

（1）启用角度捕捉功能，并设置角度为 30°。

（2）选择老板椅，拾取圆形会议桌作为老板椅的参考中心，将老板椅旋转复制 11 把。

（3）合并"素材"/"植物.max"文件，将其移动到圆形会议桌中间，使用缩放功能调整植物的大小，完成会议室的布置。

快速布置会议室的练习评价

综合实训任务	检 查 点	完 成 情 况	出现的问题及解决措施
快速布置会议室	角度设置	□完成　□未完成	
	对象参考中心的应用	□完成　□未完成	
	旋转克隆对象	□完成　□未完成	

2.4　阵列

阵列是克隆对象的另一种方式，集合了移动、旋转和缩放 3 种变换功能，通过一维、二维和三维 3 种方式进行克隆。打开"素材"/"女洗手池.max"文件，选择对象，单击功能区中的 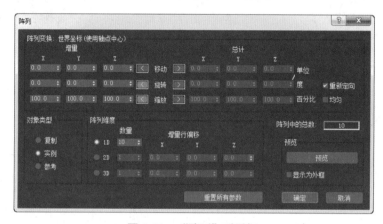 阵列"按钮打开"阵列"对话框，如图 2-33 所示。

图 2-33　"阵列"对话框

"阵列"对话框提供了两个主要控制区域，即"阵列变换"选项组和"阵列维度"选项组，通过设置这两个选项组中的参数，可以完成阵列克隆。

2.4.1　"线性"阵列

"线性"阵列是指沿着一个或多个轴进行克隆。

课堂讲解——"线性"阵列

图 2-34　1D 阵列

（1）1D 阵列：选中"阵列维度"选项组下的 1D 单选按钮，设置"数量"为 5，在"增量"选项下设置"移动"的 X 值为 500，单击 预览 按钮进行预览，结果如图 2-34 所示。

（2）2D阵列：选中2D单选按钮，设置"数量"为5，在"增量行偏移"选项下设置2D的Y值为1000，单击 预览 按钮进行预览，结果如图2-35所示。

（3）3D阵列：选中3D单选按钮，设置"数量"为2，在"增量行偏移"选项下设置3D的Z值为200，单击 预览 按钮进行预览，结果如图2-36所示。

（4）单击 确定 按钮关闭"阵列"对话框，完成阵列。

课堂练习——阵列克隆花对象

在阵列对象时，可以在"对象类型"选项组下设置阵列的方式，其设置与"克隆选项"对话框的设置相同，在此不再赘述。

打开"素材"/"花.max"文件，读者自己尝试将该花对象阵列克隆5行5列3层，效果如图2-37所示。

图 2-35 2D 阵列

图 2-36 3D 阵列

图 2-37 阵列克隆花对象

2.4.2 "环形"阵列

"环形"阵列与"旋转克隆"相似，首先确定旋转中心，然后设置旋转角度及数量即可。打开"素材"/"餐桌餐椅.max"文件，通过"环形"阵列在餐桌周围布置6把餐椅。

课堂讲解——"环形"阵列

（1）首先选择餐椅，并选择参考坐标为"拾取"，然后单击餐桌，最后选择 "使用变换坐标中心"选项。

（2）打开"阵列"对话框，选中"阵列维度"选项组下的1D单选按钮，设置"数量"为6，在"增量"选项下设置"旋转"的Z值为60，单击 预览 按钮进行预览，效果如图2-38所示。

（3）单击 确定 按钮关闭"阵列"对话框，完成阵列。

课堂练习——在石桌周围布置石凳

在"环形"阵列对象时，同样可以进行1D、2D和3D阵列，其方法与"线性"阵列中的1D、2D和3D相同，在此不再赘述。

打开"素材"/"石桌石凳.max"文件，读者自己尝试在石桌周围均匀布置6个石凳，效果如图 2-39 所示。

图 2-38　环形阵列餐椅

图 2-39　在石桌周围布置石凳

综合实训——快速创建楼梯扶手

打开"素材"/"楼梯与扶手.max"文件，应用阵列功能快速创建楼梯两侧的扶手，对阵列知识进行巩固，其操作流程如图 2-40 所示。

图 2-40　快速创建楼梯扶手

（1）选择扶手栏杆，打开"阵列"对话框，设置"增量"的 Y 值，以确定另一侧扶手的位置。

（2）选中 1D 单选按钮，设置其值为 2，勾选 2D 单选按钮，设置其值为 7，确定扶手栏杆的数量。

（3）在"增量行偏移"选项下设置 X 和 Z 的值，确定扶手栏杆沿 X 轴和 Z 轴的位移距离，然后单击"确定"按钮进行确认。

（4）使用移动克隆的方法将扶手克隆到另一侧栏杆位置，完成楼梯扶手的创建。

创建楼梯扶手的练习评价

综合实训任务	检 查 点	完 成 情 况	出现的问题及解决措施
快速创建楼梯扶手	1D 阵列	□完成　□未完成	
	2D 阵列	□完成　□未完成	

2.5　对象的其他操作方法

除了以上所学的对象的操作方法，还有其他几种对象的操作方法。

2.5.1　对齐

使用 "对齐"工具可以将一个对象精确移动到另一个对象的合适位置。打开"素材"/"圆桌与桌布.max"文件，下面使用 "对齐"工具将桌布对齐到圆桌上。

课堂讲解——对齐对象

（1）选择桌布，单击主工具栏中的 ▤ "对齐" 按钮，在场景中单击圆桌打开 "对齐当前选择" 对话框，勾选 "X 位置" 和 "Y 位置" 两个复选框。

（2）分别在 "当前对象" 及 "目标对象" 选项组下选中 "中心" 单选按钮，此时发现桌布已对齐到圆桌上，如图 2-41 所示。

课堂练习——快速将花对象放置到小桌上

在使用 "对齐" 工具时，可以在 "对齐当前选择" 对话框中设置相关选项，以对齐对象，具体说明如下。

对齐位置：选择对齐的轴。当前对象、目标对象：指定对齐的点。对齐方向（局部）：在轴的任意组合上匹配两个对象之间的局部坐标系的方向。匹配比例：匹配两个被选定对象之间的缩放轴值。

另外，对齐工具包括多种类型，按住主工具栏中的 ▤ "对齐" 按钮，或者在 "工具" / "对齐" 菜单下，将显示其他对齐工具，其中，使用 "克隆并对齐" 工具可以将克隆对象对齐到目标对象上。

打开 "素材" / "茶几、坐垫与花.max" 文件，读者自己尝试将花对象克隆并快速放置到小桌上，效果如图 2-42 所示。

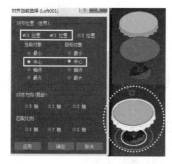

图 2-41　将桌布对齐到圆桌上

图 2-42　快速对齐

2.5.2　间隔工具

"间隔工具" 是一个路径阵列命令，可以使对象沿路径进行阵列，方式有 "定数等分" 与 "定距等分" 两种，类似于 AutoCAD 中点的 "定数等分" 和 "定距等分"。

打开 "素材" / "草坪.max" 文件，场景中有一棵树，下面在左、右两侧的草坪上各均匀栽种 20 棵树，并设置每棵树之间的间距为 100mm。

课堂讲解——快速种树

（1）单击树，执行 "工具" / "对齐" / "间隔工具" 命令，打开 "间隔工具" 对话框。

（2）单击 拾取路径 按钮，在左侧草坪上单击直线路径，勾选"计数"复选框，并设置其值为 20，在草坪两侧栽种 20 棵树，如图 2-43 所示。

（3）单击 应用 按钮，勾选"间距"复选框，设置其值为 100，并取消勾选"计数"复选框。

（4）单击 拾取路径 按钮，在右侧草坪上单击直线路径，结果在右侧草坪的两侧共栽种了 20 棵树，同时每棵树之间的间距为 100mm，如图 2-44 所示。

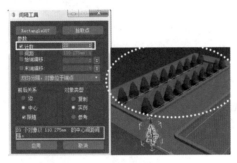

图 2-43　在左侧草坪上种树

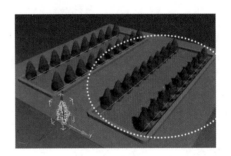

图 2-44　在右侧草坪上种树

课堂练习——完善工艺吊灯

除了沿路径阵列对象，还可以拾取两个点，在两点之间阵列克隆对象，另外可以设置阵列后的对象类型等，这些设置比较简单。

打开"素材"/"工艺吊灯.max"文件，读者自己尝试将两种水晶球布置在工艺吊灯下方的线上，对工艺吊灯进行完善，效果如图 2-45 所示。

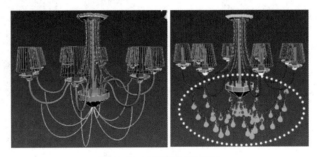

图 2-45　完善工艺吊灯

2.5.3　冻结、隐藏与群组对象

冻结、隐藏与群组对象也是操作对象的常用方法。本节讲解相关知识。

课堂讲解——冻结、隐藏与群组对象

（1）"冻结"是将对象暂存的有效方法，对象被冻结后仍保持可见，但用户无法对其进行任何操作。

选择要冻结的对象并右击，在弹出的快捷菜单中选择"冻结选定对象"命令，即可将对象进行冻结，如果要解冻对象，则再次右击并在弹出的快捷菜单中选择"全部解冻"命令，即可将被冻结对象进行解冻。

（2）另外，可以将对象进行隐藏，隐藏后对象在场景中消失，这可以加快计算机的运算速度。

选择对象并右击，在弹出的快捷菜单中选择"隐藏选定对象"命令，对象被隐藏，再次右击并在弹出的快捷菜单中选择"按名称取消隐藏"或者"全部取消隐藏"命令，即可取消对象的隐藏。

（3）而"群组"是指将两个及两个以上的对象组合为一个组对象，成组后的对象仍可以被编辑。

选择要群组的多个对象，执行"组"/"组"命令，打开"组"对话框，对组进行命名，然后确认并关闭该对话框即可。

在编辑组对象时，执行"组"/"打开"或"解组"命令，即可对对象进行编辑。

知识巩固与能力拓展

1. 单选题

01. 在使用"单击"方式选择对象时，按住（　　）键可以同时选择多个对象。

  A. Alt   B. Ctrl   C. Shift   D. Alt+Shift

02. 可以快速选取同一类型的多个对象的选择方式是（　　）。

  A. 单击   B. 按名称选择 C. 窗口/交叉 D. 选择过滤器

03. 使用"实例"方式克隆的对象是原对象的（　　）。

  A. 关联对象 B. 不关联对象 C. 参考对象 D. 相同对象

04. 不需要进行任何设置就可以对齐对象的工具是（　　）。

  A. 对齐   B. 克隆对齐 C. 快速对齐 D. 间隔工具

2. 多选题

01. 可以选择对象的工具有（　　）。

  A. 移动工具 B. 旋转工具 C. 缩放工具 D. 对齐工具

02. 一次可以克隆多个对象的工具有（　　）。

  A. 移动工具 B. 选择工具 C. 间隔工具 D. 阵列工具

03. 一次可以选择多个对象的方式有（　　）。

  A. 单击   B. 按名称选择 C. 选择过滤器 D. 窗口/交叉

三维设计入门——几何体建模

第 3 章

↓ 工作任务分析

本任务主要学习 3ds Max 几何体建模的相关知识，内容包括标准基本体建模，扩展基本体建模，门、窗、楼梯与 AEC 扩展建模，使学生掌握更多三维设计知识，激发学生学习 3ds Max 的热情。

↓ 知识学习目标

- 了解几何体所包含的对象。
- 熟悉几何体建模的基本方法。

↓ 技能实践目标

- 能够掌握创建几何体对象的方法。
- 能够使用几何体对象创建三维模型。

几何体是最基本的三维模型，也是 3ds Max 三维设计的主要建模对象，本章讲解几何体建模的相关知识。

3.1　标准基本体建模

标准基本体是我们日常生活中常见的一些几何模型，如长方体、圆柱体、圆锥体等。进入"创建"面板，单击 ◯ "几何体"按钮，在其下拉列表中选择"标准基本体"选项，在"对象类型"卷展栏中显示了标准基本体的创建按钮，单击各按钮，创建不同标准基本体，如图 3-1 所示。

图 3-1　标准基本体创建按钮

3.1.1　长方体建模

长方体的应用范围比较广泛，许多复杂三维模型都是通过长方体创建而来的。长方体有

"长度"、"宽度"和"高度"3 个基本参数，可以通过"拖曳→上、下移动→单击"3 个步骤来创建。

课堂讲解——长方体建模

（1）单击 长方体 按钮，在视图中"拖曳"确定长方体的长度和宽度，"上、下移动"确定长方体的高度，"单击"完成长方体的创建，其创建流程如图 3-2 所示。

（2）单击 "修改"按钮进入"修改"面板，在名称列表中为对象重命名，单击名称后面的颜色按钮打开"对象颜色"对话框，为对象设置颜色，展开"参数"卷展栏，修改参数，创建不同尺寸的长方体，如图 3-3 所示。

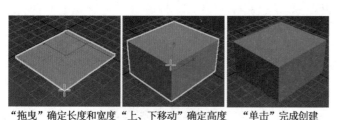

"拖曳"确定长度和宽度　"上、下移动"确定高度　"单击"完成创建

图 3-2　长方体的创建流程

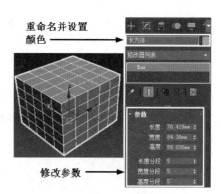

图 3-3　修改长方体的参数

课堂练习——创建不同尺寸的长方体

读者自己尝试创建"长度"为 100mm、"宽度"为 50mm、"高度"为 200mm 的长方体和"长度"为 50mm、"宽度"为 150mm、"高度"为 100mm 的长方体，并分别设置长方体的颜色。

3.1.2　圆柱体建模

圆柱体有"半径"与"高度"两个基本参数，其创建方法与长方体相同，也可以通过"拖曳→上、下移动→单击"3 个步骤完成创建。

课堂讲解——圆柱体建模

（1）单击 圆柱体 按钮，在视图中"拖曳"确定圆柱体的半径，"上、下移动"确定圆柱体的高度，"单击"完成圆柱体的创建，其创建流程如图 3-4 所示。

（2）单击 "修改"按钮进入"修改"面板，为对象重命名并设置颜色，展开"参数"卷展栏，修改参数，创建不同尺寸的圆柱体，如图 3-5 所示。

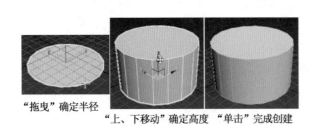

"拖曳"确定半径　"上、下移动"确定高度　"单击"完成创建

图 3-4　圆柱体的创建流程

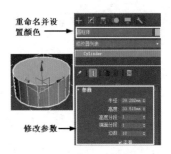

图 3-5　修改圆柱体的参数

（3）勾选"启用切片"复选框，设置"切片起始位置"和"切片结束位置"参数，创建具有切片效果的圆柱体，如图 3-6 所示。

课堂练习——创建具有切片效果的圆柱体

读者自己尝试创建"半径"为 100mm、"高度"为 50mm、"边数"为 20 的圆柱体，并对其进行切片，使其保留 1/4 的圆柱体，如图 3-7 所示。

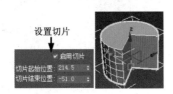

图 3-6　设置切片效果

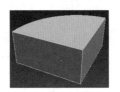

图 3-7　1/4 圆柱体

3.1.3　圆锥体建模

圆锥体有"半径 1"、"半径 2"与"高度"3 个基本参数，可以通过"拖曳→上、下移动→拖曳→单击"4 个步骤完成圆锥体的创建。

课堂讲解——圆锥体建模

（1）单击 圆锥体 按钮，在视图中"拖曳"确定圆锥体的半径 1，"上、下移动"确定圆锥体的高度，"拖曳"确定圆锥体的半径 2，"单击"完成圆锥体的创建，其创建流程如图 3-8 所示。

（2）单击 "修改"按钮进入"修改"面板，为对象重命名并设置颜色，展开"参数"卷展栏，修改参数，创建不同尺寸的圆锥体，如图 3-9 所示。

（3）勾选"启用切片"复选框，设置"切片起始位置"和"切片结束位置"参数，创建具有切片效果的圆锥体，如图 3-10 所示。

课堂练习——创建具有切片效果的圆锥体

读者自己尝试创建"半径 1"为 100mm、"半径 2"为 50mm、"高度"为 50mm、"边数"

为 4 的圆锥体，并在 90～180 的切片范围内对其进行切片，如图 3-11 所示。

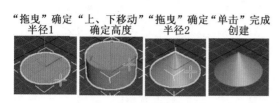

图 3-8 圆锥体的创建流程

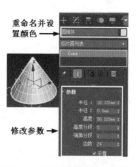

图 3-9 修改圆锥体的参数

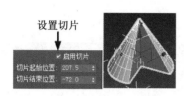

图 3-10 设置切片效果

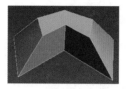

图 3-11 创建具有切片效果的圆锥体

3.1.4 球体建模

球体有"半径"与"分段"两个基本参数，直接拖曳鼠标即可完成创建。

课堂讲解——球体建模

（1）单击 球体 按钮，在视图中拖曳鼠标创建球体。

（2）单击 "修改"按钮进入"修改"面板，为对象重命名并设置颜色，展开"参数"卷展栏，修改"半径"等参数，创建大小、形状不同的球体，如图 3-12 所示。

（3）设置"半球"参数，创建半球体；勾选"启用切片"复选框，设置"切片起始位置"和"切片结束位置"参数，创建具有切片效果的半球体，如图 3-13 所示。

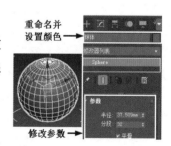

图 3-12 修改球体的参数

课堂练习——创建具有切片效果的半球体

读者自己尝试创建"半径"为 100mm、"分段"为 20、"半球"为 0.6 的半球体，并在 50～150 的切片范围内对其进行切片，效果如图 3-14 所示。

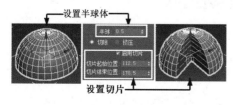

图 3-13 设置半球体与切片效果

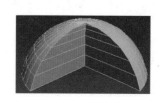

图 3-14 创建具有切片效果的半球体

3.1.5 几何球体建模

几何球体与球体相同，只有"半径"与"分段"两个基本参数，直接拖曳鼠标即可完成创建。

课堂讲解——几何球体建模

（1）单击 几何球体 按钮，在视图中拖曳鼠标创建几何球体。

（2）单击 "修改"按钮进入"修改"面板，为对象重命名并设置颜色。

（3）展开"参数"卷展栏，修改参数，创建不同半径与分段数的几何球体，如图 3-15 所示。

（4）在"基点面类型"选项组中选择几何球体的基点面，生成具有不同基点面的几何球体，勾选"半球"复选框，生成半几何球体，如图 3-16 所示。

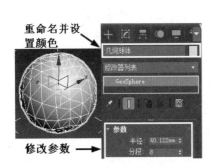

图 3-15 修改几何球体的参数

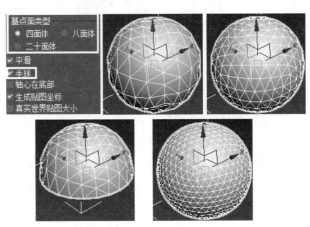

图 3-16 具有不同基点面的几何球体及半几何球体

课堂练习——创建半几何球体

读者自己尝试创建"半径"为 50mm、"分段"为 1、"基点面类型"为"八面体"的半几何球体，效果如图 3-17 所示。

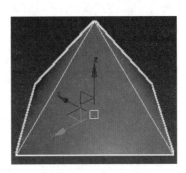

图 3-17 半几何球体

3.1.6 管状体建模

管状体有"半径 1"、"半径 2"和"高度"3 个基本参数，可以通过"拖曳→移动→单击再移动→单击"4 个步骤完成创建。

课堂讲解——管状体建模

（1）单击 管状体 按钮，在视图中"拖曳"确定管状体的半径1，"移动"确定管状体的"半径 2"，"单击再移动"确定管状体的高度，"单击"完成管状体的创建，其创建流程如图 3-18 所示。

（2）单击 "修改"按钮进入"修改"面板，为对象重命名并设置颜色。

（3）展开"参数"卷展栏，修改参数，创建不同尺寸与形状的管状体，如图 3-19 所示。

（4）勾选"启用切片"复选框，设置"切片起始位置"和"切片结束位置"参数，创建具有切片效果的管状体，如图 3-20 所示。

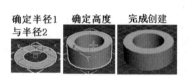

图 3-18　管状体的创建流程

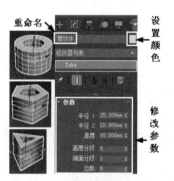

图 3-19　修改管状体的参数

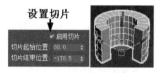

图 3-20　设置切片效果

课堂练习——创建具有切片效果的管状体

读者自己尝试创建"半径 1"为 50mm、"半径 2"为 0mm、"高度"为 50mm、"边数"为 4 的管状体，并在 0～-200 的切片范围内对其进行切片，效果如图 3-21 所示。

图 3-21　创建具有切片效果的管状体

3.1.7　圆环建模

圆环有"半径 1"和"半径 2"两个基本参数，可以通过"拖曳→移动→单击"3 个步骤完成创建。

课堂讲解——圆环建模

（1）单击 圆环 按钮，在视图中"拖曳"确定圆环的半径1，"移动"确定圆环的半径2，"单击"完成圆环的创建，其创建流程如图 3-22 所示。

（2）单击 "修改"按钮进入"修改"面板，为对象重命名并设置颜色。

（3）展开"参数"卷展栏，修改参数，创建不同形状的圆环，如图 3-23 所示。

（4）勾选"启用切片"复选框，设置"切片起始位置"和"切片结束位置"参数，创建具有切片效果的圆环，如图 3-24 所示。

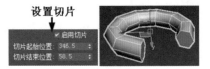

图 3-22　圆环的创建流程　　　　图 3-23　修改圆环的参数　　　　图 3-24　设置切片效果

课堂练习——创建具有扭曲、切片效果的圆环

读者自己尝试创建"半径 1"为 40mm、"半径 2"为 20mm、"旋转"为 0、"扭曲"为 125、"分段"为 30、"边数"为 3 的圆环，并在 0～180 的切片范围内对其进行切片，效果如图 3-25 所示。

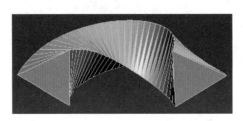

图 3-25　创建具有扭曲、切片效果的圆环

综合实训——创建小方桌与坐垫模型

在本综合实训中将学习标准基本体在实际工作中的应用技巧。小方桌与坐垫模型效果如图 3-26 所示。

图 3-26　小方桌与坐垫模型效果

详细操作步骤见配套教学资源中的视频讲解。

创建小方桌与坐垫模型的练习评价

综合实训任务	检 查 点	完 成 情 况	出现的问题及解决措施
创建小方桌与坐垫模型	标准基本体的创建	□完成　□未完成	
	对象的操作与修改	□完成　□未完成	
	对象的编辑与建模	□完成　□未完成	

除了以上讲解的标准基本体，还有"茶壶"、"平面"、"四棱柱"及"加强型文本"标准基本体，这些标准基本体的创建都非常简单，其中，利用"加强型文本"标准基本体可以创建三维文本，首先在输入框中输入文本，然后选择字体，在视图中单击即可创建三维文本。

3.2 扩展基本体建模

"扩展基本体"是标准基本体的变量，与标准基本体外形相似，但相关设置更丰富。进入"创建"面板，在  "几何体"下拉列表中选择"扩展基本体"选项，在"对象类型"卷展栏中显示了扩展基本体的创建按钮，单击各按钮，创建不同扩展基本体，如图 3-27 所示。

图 3-27 扩展基本体创建按钮

3.2.1 切角长方体建模

切角长方体有"长度"、"宽度"、"高度"和"圆角"4 个基本参数，可以通过"拖曳→移动→单击再移动→单击"4 个步骤完成创建。

课堂讲解——切角长方体建模

（1）单击 切角长方体 按钮，在视图中"拖曳"确定长方体的长度和宽度，"移动"确定长方体的高度，"单击再移动"确定长方体的圆角，"单击"完成切角长方体的创建，其创建流程如图 3-28 所示。

（2）单击 "修改"按钮进入"修改"面板，为对象重命名并设置颜色，展开"参数"卷展栏，修改参数，生成不同尺寸的切角长方体，如图 3-29 所示。

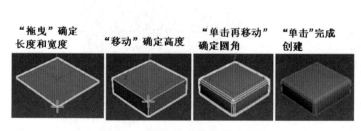

图 3-28 切角长方体的创建流程

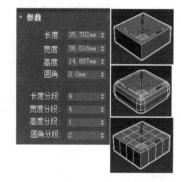

图 3-29 修改切角长方体的参数

课堂练习——创建切角长方体

读者自己尝试创建"长度"为 100mm、"宽度"为 200mm、"高度"为 50mm、"圆角"为 0mm 的切角长方体，看看它与长方体有什么区别。

3.2.2 切角圆柱体建模

切角圆柱体有"半径"、"高度"和"圆角"3个基本参数，可以通过"拖曳→移动→单击再移动→单击"4个步骤完成创建。

课堂讲解——切角圆柱体建模

（1）单击 切角圆柱体 按钮，在视图中"拖曳"确定圆柱体的半径，"移动"确定圆柱体的高度，"单击再移动"确定圆柱体的圆角，"单击"完成切角圆柱体的创建，其创建流程如图 3-30 所示。

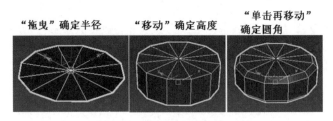

图 3-30　切角圆柱体的创建流程

（2）单击 ☑ "修改"按钮进入"修改"面板，为对象重命名并设置颜色，展开"参数"卷展栏，修改参数，创建不同形状的切角圆柱体，如图 3-31 所示。

课堂练习——创建具有切片效果的切角圆柱体

读者自己尝试创建"半径"为 35mm、"高度"为 75mm、"圆角"为 25mm、"圆角分段"为 10、"边数"为 4 的切角圆柱体，并在 0～300 的切片范围内对其进行切片，效果如图 3-32 所示。

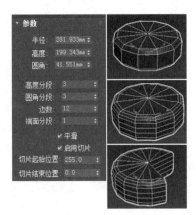

图 3-31　修改切角圆柱体的参数

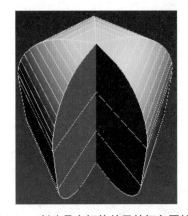

图 3-32　创建具有切片效果的切角圆柱体

3.2.3 环形结建模

环形结有"圆"和"结"两个基本曲线，当选择"圆"曲线时，有"半径"和"分段"两个基本参数，此时可以通过"拖曳→移动→单击"3个步骤完成创建。

课堂讲解——环形结建模

（1）单击 [环形结] 按钮，在视图中"拖曳"确定圆的半径，"移动"确定圆的横截面半径，"单击"完成一个圆环的创建。

（2）再次单击 [环形结] 按钮，选择"结"曲线，直接拖曳鼠标创建一个环形结，流程如图3-33所示。

（3）单击 [修改] 按钮进入"修改"面板，为对象重命名并设置颜色，展开"参数"卷展栏，修改参数，生成不同形状的环形结，如图3-34所示。

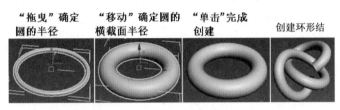

图3-33　环形结的创建流程

课堂练习——创建环形结

读者自己尝试创建"基础曲线"为"圆"的环形结，调整参数，使其效果如图3-35所示。

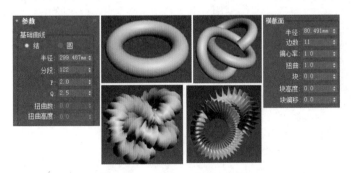

图3-34　修改环形结的参数

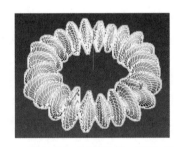

图3-35　创建"基础曲线"为"圆"的环形结

3.2.4　L-Ext建模

L-Ext有"侧面长度"、"前面长度"、"侧面宽度"、"前面宽度"和"高度"5个基本参数，可以通过"拖曳→移动→单击再移动→单击"4个步骤完成创建。

课堂讲解——L-Ext建模

（1）单击 [L-Ext] 按钮，在视图中"拖曳"确定L-Ext的侧面长度和前面长度，"移动"确定L-Ext的高度，"单击再移动"确定L-Ext的侧面宽度和前面宽度，"单击"完成L-Ext的创建，其创建流程如图3-36所示。

（2）单击 [修改] 按钮进入"修改"面板，为对象重命名并设置颜色，展开"参数"卷展栏，修改参数，生成不同尺寸的对象，如图3-37所示。

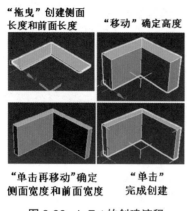

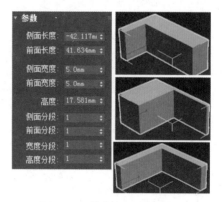

图 3-36　L-Ext 的创建流程　　　　图 3-37　修改 L-Ext 的参数

课堂练习——创建 C-Ext 对象

C-Ext 与 L-Ext 的参数设置和创建方法完全相同，下面读者自己尝试创建"背面长度"、"侧面长度"与"前面长度"均为 300mm，"背面宽度"、"侧面宽度"与"前面宽度"均为 50mm，"高度"为 100mm 的 C-Ext 对象，效果如图 3-38 所示。

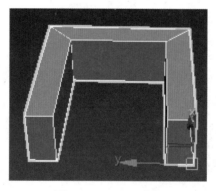

图 3-38　C-Ext 对象

3.2.5　环形波建模

环形波的参数设置较多，"参数"卷展栏中有"环形波大小"、"环形波计时"、"外边波折"和"内边波折" 4 个选项组，但其创建方法较简单，可以通过"拖曳→移动→单击" 3 个步骤完成创建。

课堂讲解——环形波建模

（1）单击 环形波 按钮，在视图中"拖曳"确定环形的半径，"移动"确定环形的宽度，"单击"完成环形波的创建。

（2）单击 "修改"按钮进入"修改"面板，为对象重命名并设置颜色，展开"参数"卷展栏，修改参数，生成不同形状的环形波，如图 3-39 所示。

课堂练习——创建环形波

读者自己尝试创建环形波，调整参数，使其内、外边都有波折，效果如图 3-40 所示。

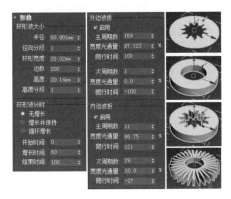

图 3-39　修改环形波的参数

图 3-40　内、外边都有波折的环形波

综合实训——创建双人真皮沙发模型

应用扩展基本体创建双人真皮沙发模型，学习扩展基本体在实际工作中的应用技巧，效果如图 3-41 所示。

图 3-41　双人真皮沙发模型

详细操作步骤见配套教学资源中的视频讲解。

创建双人真皮沙发模型的练习评价

综合实训任务	检 查 点	完 成 情 况	出现的问题及解决措施
创建双人真皮沙发模型	扩展基本体的创建	□完成　□未完成	
	对象的操作与修改	□完成　□未完成	
	对象的编辑与建模	□完成　□未完成	

3.3 门、窗、楼梯与 AEC 扩展建模

门、窗、楼梯及 AEC 扩展都是 3ds Max 自带的一些建筑模块，系统允许用户对这些建筑

模块的参数进行修改，以满足建筑设计的要求，本节讲解相关建模的方法。

3.3.1　门建模

3ds Max 提供了 3 种类型的门模块，在 "几何体"下拉列表中选择"门"选项，在"对象类型"卷展栏中即可显示这 3 种门模块的创建按钮，单击相关按钮，即可进行创建，如图 3-42 所示。

课堂讲解——创建枢轴门

枢轴门是一种单开或双开门，有"高度"、"宽度"和"深度"3 个基本参数，一般在顶视图中通过"拖曳→移动→单击再移动→右击"4 个步骤完成创建。

（1）单击 枢轴门 按钮，在视图中"拖曳"确定门的宽度，"移动"确定门的深度，"单击再移动"确定门的高度，"右击"完成枢轴门的创建，其创建流程如图 3-43 所示。

（2）单击 "修改"按钮进入"修改"面板，为对象重命名并设置颜色，展开"参数"卷展栏，修改门框、页扇、镶板等参数，生成不同尺寸的单开门或双开门，如图 3-44 所示。

图 3-42　门模块　　　图 3-43　枢轴门的创建流程　　　图 3-44　修改枢轴门的参数

图 3-45　单开与双开的枢轴门

课堂练习——创建枢轴门

在现实生活中，单开门的高度一般为 2000mm、宽度为 900mm，而双开门的宽度一般为 1500mm，下面读者自己尝试创建单开与双开的枢轴门，并设置门框、门板等参数，效果如图 3-45 所示。

【知识拓展】——创建推拉门和折叠门（见配套教学资源）

3.3.2　窗建模

3ds Max 提供了 6 种类型的窗模块，在 "几何体"下拉列表中选择"窗"选项，在"对象类型"卷展栏中即可显示这 6 种窗模块的创建按钮，单击相关按钮，即可进行创建，如

图 3-46 所示[①]。

课堂讲解——创建遮棚式窗

遮棚式窗的创建方法与枢轴门的创建方法完全相同，一般在顶视图中"拖曳"确定遮棚式窗的宽度，"移动"确定遮棚式窗的深度，"单击再移动"确定遮棚式窗的高度，"右击"完成遮棚式窗的创建，其创建流程如图 3-47 所示。

创建完成后单击  "修改"按钮进入"修改"面板，为对象重命名并设置颜色，展开"参数"卷展栏，修改参数，创建不同尺寸的遮棚式窗，如图 3-48 所示。

图 3-46　窗模块

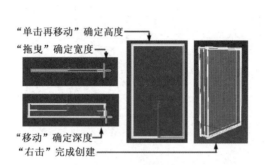

图 3-47　遮棚式窗的创建流程

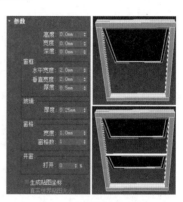

图 3-48　修改遮棚式窗的参数

课堂练习——创建遮棚式窗

读者自己尝试创建"高度"为 800mm、"宽度"为 1200mm、"深度"为 50mm，窗框"水平宽度"、"垂直宽度"和"厚度"均为 50mm，"窗格数"为 2、窗格"宽度"为 20mm 的遮棚式窗，如图 3-49 所示。

【知识拓展】——创建其他窗模型（见配套教学资源）

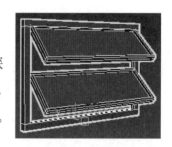

图 3-49　遮棚式窗

3.3.3　楼梯建模

3ds Max 提供了"直线楼梯"、"L 型楼梯"、"U 型楼梯"和"螺旋楼梯"4 种楼梯模块，在  "几何体"下拉列表中选择"楼梯"选项，在"对象类型"卷展栏中即可显示这 4 种楼梯模块的创建按钮，单击相关按钮，即可进行创建，如图 3-50 所示。

课堂讲解——创建直线楼梯

直线楼梯的创建方法与枢轴门的创建方法完全相同，一般在顶视图中"拖曳"确定楼梯的长度，"移动"确定楼梯宽度，"单击再移动"确定楼梯的总高度，"右击"完成直线楼梯的创建，其创建流程如图 3-51 所示。

---

① 图 3-46 中"遮篷式窗"的正确写法应为"遮棚式窗"。

图 3-50　楼梯模块

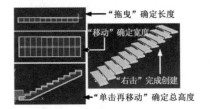

图 3-51　直线楼梯的创建流程

创建完成后单击 "修改" 按钮进入 "修改" 面板，为对象重命名并设置颜色，展开 "参数" 卷展栏，修改参数，并选择类型，设置扶手、台阶等参数，创建不同尺寸的直线楼梯，如图 3-52 所示。

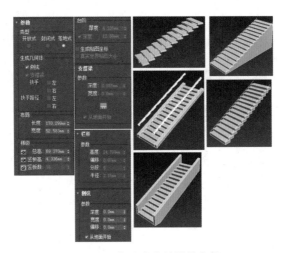

图 3-52　修改直线楼梯的参数

课堂练习——创建直线楼梯

直线楼梯有 "开放式"、"落地式" 和 "封闭式" 3 种类型，下面读者自己尝试创建这 3 种不同类型的直线楼梯，了解不同类型的直线楼梯的区别与特点。

小贴士：

楼梯模块没有提供扶手支柱，但提供了扶手路径，用户可以根据扶手路径来创建扶手支柱，有关扶手支柱的创建方法，将在配套教学资源中进行讲解。

【知识拓展】——创建 L 型楼梯、螺旋楼梯和 U 型楼梯（见配套教学资源）

3.3.4　植物建模

"植物" 是 AEC 扩展对象的一个模块，3ds Max 系统提供了植物库，其中包括十多种常用植物。

在 "几何体" 下拉列表中选择 "AEC 扩展" 选项，首先在 "对象类型" 卷展栏中单击 植物 按钮，然后在植物库中单击一种植物，最后在视图中单击即可创建植物，如图 3-53 所示。

不同的植物有各自的参数设置，创建完成后单击　"修改"按钮进入"修改"面板，为植物重命名并设置颜色，展开"参数"卷展栏，修改参数，创建不同高度、密度的植物。图 3-54 所示是"芳香蒜"植物及其参数设置。

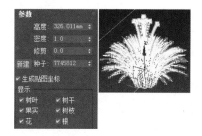

图 3-53　创建植物　　　　　　　　　　　图 3-54　"芳香蒜"植物及其参数设置

3.3.5　栏杆建模

栏杆的创建有些特别，通过"拖曳→移动→单击→右击"4 个步骤可以创建一段栏杆，如图 3-55 所示。

也可以沿一段路径创建栏杆，栏杆的形态会随路径的变化而变化。

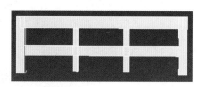

图 3-55　创建一段栏杆

课堂讲解——栏杆建模

（1）进入"图形创建"面板，单击　　线　　按钮，在顶视图中绘制 L 型样条线。

（2）首先单击　栏杆　按钮，然后单击"栏杆"卷展栏下的　拾取栏杆路径　按钮，最后单击顶视图中的 L 型样条线，即可沿 L 型路径创建栏杆，如图 3-56 所示。

（3）单击　"修改"按钮进入"修改"面板，展开"参数"卷展栏，修改参数，创建不同高度和形状的栏杆。需要注意的是，栏杆的长度和形状与路径有关，当改变路径的长度与形状后，栏杆的长度与形状也会发生改变，如图 3-57 所示。

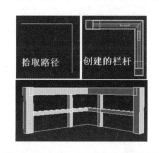

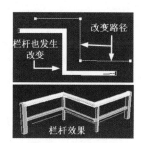

图 3-56　沿 L 型路径创建栏杆　　　　　　　图 3-57　栏杆随路径改变

课堂练习——创建弧形栏杆

下面读者自己尝试绘制一段弧形路径，沿该弧形路径创建弧形栏杆，并设置栏杆的相关参数，效果如图 3-58 所示。

图 3-58　创建弧形栏杆

3.3.6　墙建模

墙的创建与栏杆的创建基本相同，只是在创建前需要先在"参数"卷展栏中设置好墙的"宽度"与"高度"，然后通过"拖曳→单击→右击"3 个步骤创建一段墙。通过"拖曳"拉出墙的长度，"单击"确定墙的宽度，"右击"结束墙的创建。如果要创建多段墙，则可以通过"拖曳→单击→移动→单击→…→右击"的步骤来创建，如图 3-59 所示。

创建完成后单击 🔲 "修改"按钮进入"修改"面板，为墙重命名并设置颜色。在修改器堆栈中单击"墙"前面的"+"号将其展开，分别在"顶点""分段""剖面"层级对墙进行编辑。例如，改变墙的形态，在墙上开门洞、窗洞，创建山墙等，其编辑方法与编辑样条线（在5.2 节中将进行详细讲解）的方法相似，效果如图 3-60 所示。

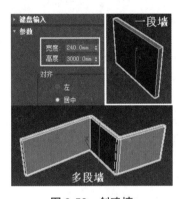

图 3-59　创建墙

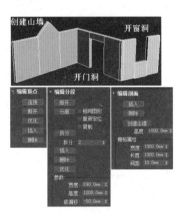

图 3-60　编辑墙

📋 **小贴士：**

用户可以沿路径创建墙，首先使用样条线绘制路径，然后单击 `墙` 按钮，设置墙的宽度和高度，在"键盘输入"卷展栏中单击 `拾取样条线` 按钮，最后单击路径即可沿路径创建墙。有关墙的详细编辑方法，请参见配套教学资源中的视频讲解，在此不再详细赘述。

🔬 综合实训——创建二层小楼

在本综合实训中，将学习各种墙、门、窗、楼梯、栏杆及植物的创建方法，以及在实际工作中对这些构件的修改和编辑技巧，为后续深入学习三维建模知识打下基础，二层小楼效果如图 3-61 所示。

图 3-61　二层小楼效果

详细操作步骤见配套教学资源中的视频讲解。

创建二层小楼的练习评价

综合实训任务	检查点	完成情况	出现的问题及解决措施
创建二层小楼	创建各种墙、门、窗及楼梯	□完成 □未完成	
	修改墙、门、窗及楼梯模型	□完成 □未完成	
	创建植物	□完成 □未完成	

知识巩固与能力拓展

1. 单选题

01. 长方体有 3 个基本参数，分别是（　　）。

A. 长度、宽度、高度

B. 长度分度、宽度分段和高度分段

C. 长度和长度分段、宽度和宽度分段、高度和高度分段

02. 在创建长方体时，"上、下移动"确定的是长方体的（　　）。

A. 长度　　　　　B. 宽度　　　　　C. 长度分段　　　　　D. 高度

03. 在创建一个立方体时，正确的操作是（　　）。

A. 在"创建方法"卷展栏中勾选"立方体"复选框，在视图中拖曳鼠标即可创建

B. 按住键盘上的 Shift 键并在视图中拖曳鼠标

C. 按住键盘上的 Ctrl 键并在视图中拖曳鼠标

04. 切角长方体与长方体的区别是（　　）。

A. 圆角　　　　　B. 圆角分段　　　　　C. 没有区别

2. 多选题

01. 使用长方体命令创建一个立方体的方法有（　　）。

A. 在"创建方法"卷展栏中勾选"立方体"复选框

B. 按住 Ctrl 键

C. 在"键盘输入"卷展栏中设置长度、宽度、高度参数

02. 下面说法错误的是（　　）。

A. 当圆锥体的边数为 4，半径 1 与半径 2 相等时就成了长方体

B. 当圆锥体的边数为 4，半径 2 为 0 时就成了四棱锥

C. 不管圆锥体的参数如何变化，圆锥体永远不可能成为其他对象

03. 下面说法正确的是（　　）。

A. 在墙上创建门或窗后会自动在墙上创建门洞或窗洞

B. 只要门或窗与墙对齐，就会在墙上开启门洞或窗洞

C. 删除墙上的门或窗后，门洞或窗洞不会消失

3. 实践操作题

导入"素材"/"建筑墙体平面图.dwg"素材文件，依据 CAD 墙体平面图创建建筑墙体及门、窗，效果如图 3-62 所示。

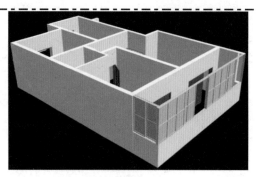

图 3-62　建筑墙体及门、窗

操作提示：

（1）设置墙体的"宽度"为 240mm、"高度"为 3000mm，配合捕捉功能沿 CAD 墙体平面图创建墙体。

（2）在墙体门、窗洞位置依据门、窗洞大小创建单开门、推拉门及各种窗模型。

（3）在阳台位置创建阳台窗。

三维设计进阶——修改器建模

第 4 章

⤵ 工作任务分析

本任务主要学习通过修改器建模的相关知识，内容包括修改器建模、VRay 对象建模，旨在开拓学生的知识视野，培养良好的职业意识和职业素养。

⤵ 知识学习目标

- 熟练操作"修改"面板。
- 掌握为模型添加修改器的方法。
- 掌握使用修改器建模的方法。

⤵ 技能实践目标

能够根据模型需要选择合适的修改器进行建模。

使用修改器建模是 3ds Max 三维建模的主要手段，几乎所有三维模型的实现都离不开修改器的应用，本章讲解 3ds Max 修改器建模的相关知识。

4.1 修改器建模

3ds Max 提供了 3 种类型的修改器，分别是"选择修改器"、"世界空间修改器"及"对象空间修改器"，其中"对象空间修改器"是建模常用的修改器类型，本节 学习"对象空间修改器"类型中常用的几种修改器建模的方法，其他修改器类型不常用，在此不做讲解。

4.1.1 "修改"面板的基本操作

3ds Max 修改器建模是在"修改"面板中进行的，"修改"面板位于界面右侧的"命令"面板中，用于为模型添加修改器并进行各种编辑。本节来认识"修改"面板，读者需掌握"修改"面板的基本操作。

课堂讲解——认识"修改"面板并掌握其基本操作

单击"命令"面板中的 "修改"按钮，进入"修改"面板。"修改"面板主要包括"对象名称与颜色"、"修改器列表"、"修改器堆栈"、"工具栏"及"参数"卷展栏 5 部分，如图 4-1 所示。

对象名称：在默认情况下，对象名称由系统按照对象创建的先后顺序以阿拉伯数字自动命名，系统允许用户为对象重命名，首先在对象名称上拖曳鼠标将其选择，然后输入新名称即可，如图 4-2 所示。

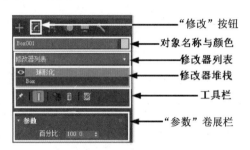

图 4-1　"修改"面板

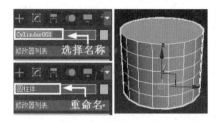

图 4-2　重命名对象

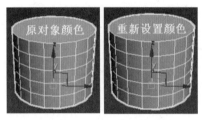

图 4-3　设置对象颜色

对象颜色：对象颜色用于在视图中显示和区分对象，最终会被材质与贴图代替，用户可以单击对象名称右边的颜色块打开"对象颜色"对话框，选择一种颜色并单击"确定"按钮进行确认，即可改变对象的颜色，如图 4-3 所示。

修改器列表：修改器列表中放置了 3ds Max 可用于修改对象的所有修改器，选择对象，在下拉列表中选择相关修改器，即可将其指定给模型对象，此时在修改器堆栈的对象上方将显示添加的修改器，同时在修改器的"参数"卷展栏下将显示修改器的相关参数，调整参数即可对对象进行编辑，如图 4-4 所示。

修改器堆栈：修改器堆栈是"修改"面板上的列表，包含累积历史记录、场景对象以及应用于它的所有修改器。如果还没有为对象应用修改器，那么当前对象就是堆栈中唯一的条目，当为对象应用某一个或几个修改器后，则这些修改器会按照先后顺序出现在堆栈中，如图 4-5 所示。

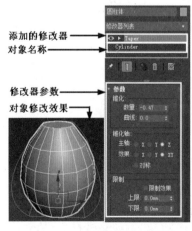

图 4-4　为对象添加修改器

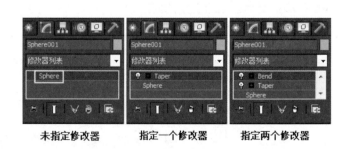

图 4-5　修改器堆栈

工具栏：主要包括一些控制修改结果的按钮。

"锁定堆栈"按钮：当为对象添加多个修改器后，可以调整修改器的先后顺序，当单击该按钮，其变为█按钮后，修改器被锁定，此时不能调整堆栈中修改器的先后顺序。

█ "显示最终结果切换"按钮：在修改器堆栈中进入"对象"层级，此时对象的编辑结果不可见，单击该按钮使其显示为蓝色，此时对象的编辑结果可见，如图4-6所示。

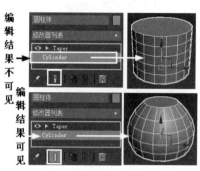

█ "使唯一"按钮：以"实例"或"参照"方式克隆的对象具有关联性，单击该按钮可以取消这些对象之间的关联性。

█ "从堆栈中移除修改器"按钮：选择添加的修改器，单击该按钮将其删除。

█ "配置修改器集"按钮：单击该按钮弹出相关下拉列表，可重新配置修改器。

图4-6 显示、隐藏编辑结果

4.1.2 "弯曲"修改器建模——创建吸管模型

"弯曲"修改器有"弯曲"、"弯曲轴"及"限制"3个参数设置。在"弯曲"选项组中设置角度及方向；在"弯曲轴"选项组中选择弯曲的轴；在"限制"选项组中设置弯曲范围，对三维模型进行弯曲。其"参数"卷展栏如图4-7所示。

下面使用"弯曲"修改器，将一个平面创建为吸管模型，该模型看似简单，其中的操作过程却不简单，效果如图4-8所示。

图4-7 "弯曲"修改器的"参数"卷展栏

图4-8 吸管模型

课堂讲解——创建吸管模型

（1）在顶视图中创建"长度"为100mm、"宽度"为20mm、"长度分段"为40、"宽度分段"为10的平面，在修改器列表中选择"弯曲"修改器。

（2）在"参数"卷展栏中设置"角度"为360°、"方向"为0，在"弯曲轴"选项组中选中X单选按钮，其他参数采用默认设置，此时平面被创建成一根圆管，如图4-9所示。

（3）再次在修改器列表中选择"弯曲"修改器，在"弯曲"选项组中设置"角度"为60°，在"弯曲轴"选项组中选中Y单选按钮，在"限制"选项组中勾选"限制效果"复选框，并设置"上限"为 5mm、"下限"为 0mm，对圆管进行两次弯曲，效果如图 4-10 所示。

（4）按 1 键进入 Gizmo 层级，在前视图中沿 X 轴移动 Gizmo 子对象，以调整弯曲效果，完成吸管模型的创建，如图 4-11 所示。

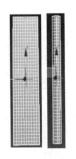
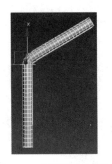
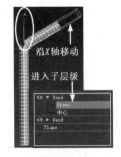

图 4-9　将平面创建为圆管　　　图 4-10　两次弯曲效果　　　图 4-11　调整弯曲效果

📋 小贴士：

"弯曲"修改器有两个子对象，分别是 Gizmo 和"中心"。Gizmo 是变形框，"中心"是变形的中心点，在修改器堆栈中展开"弯曲"层级，即可显示这两个子对象，调整子对象，会影响弯曲效果。另外，在弯曲对象时，对象必须有足够的分段数。

课堂练习——使用"弯曲"修改器创建环形、饼形和柱形

在弯曲对象时，选择不同的弯曲轴，或者设置不同的弯曲角度，会得到不一样的弯曲效果。创建"长度""宽度"均为 10mm，"高度"为 100mm，"高度分段"为 20 的立方体，使用"弯曲"修改器分别沿不同的轴进行弯曲，将其创建为环形、饼形和柱形，效果如图 4-12 所示。

4.1.3　"锥化"修改器建模——创建方形柱础模型

"锥化"修改器有"锥化"、"锥化轴"和"限制"3 个参数设置，在"锥化"选项组中设置锥化的数量及曲线，在"锥化轴"选项组中选择锥化轴，在"限制"选项组中设置锥化的范围，对三维模型进行锥化建模，其"参数"卷展栏如图 4-13 所示。

下面使用"锥化"修改器创建一个方形柱础模型，如图 4-14 所示。柱础是柱子的底座，是古代建筑中常用的建筑构件。

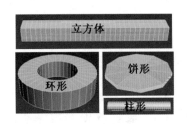

图 4-12　弯曲效果　　　图 4-13　"锥化"修改器的"参数"卷展栏　　　图 4-14　方形柱础模型

课堂讲解——创建方形柱础模型

（1）创建"长度""宽度""高度"均为300mm，"长度分段""宽度分段""高度分段"均为10的立方体。

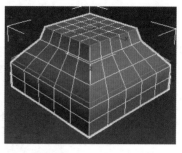

（2）在修改器列表中选择"锥化"修改器，在"参数"卷展栏中设置锥化的"数量"为3、"曲线"为-3，选择"锥化轴"为Z，勾选"限制效果"复选框，并设置"上限"为156mm，对立方体沿Z轴进行锥化，效果如图4-15所示。

图4-15 锥化效果

✎ **小贴士：**

在锥化对象时，"数量"用于控制锥化的程度，而"曲线"用于控制锥化的效果，当曲线为正值时，锥化效果向外膨胀，当曲线为负值时，锥化效果向内收缩。图4-16所示是锥化"曲线"值为2和-2时的锥化效果。

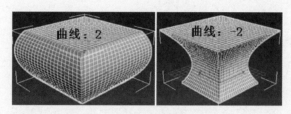

图4-16 锥化"曲线"值为2和-2时的锥化效果

另外，设置"限制"选项组中的参数，可以将锥化效果控制在某一个数值范围内，进入"锥化"子层级，调整Gizmo或"中心"对象，也可以影响锥化效果。

课堂练习——创建鼓形坐墩模型和束腰形坐墩模型

创建"半径"为250mm、"高度"为400mm、"圆角"为20mm、"高度分段"为30、"圆角分段"为5、"边数"为20的切角圆柱体，使用"锥化"修改器将其分别创建为一个鼓形坐墩模型和束腰形坐墩模型，效果如图4-17所示。

图4-17 鼓形坐墩模型和束腰形坐墩模型效果

4.1.4 "扭曲"修改器建模——创建3股绳索模型

"扭曲"修改器有"扭曲"、"扭曲轴"和"限制"3个参数设置，在"扭曲"选项组中设置扭曲的角度及偏移量；在"扭曲轴"选项组中选择扭曲轴；在"限制"选项组中设置扭曲的范围，对三维模型进行扭曲建模，其"参数"卷展栏如图 4-18 所示。

下面使用"扭曲"修改器并结合其他修改器创建一个 3 股绳索模型，效果如图 4-19 所示。

图 4-18 "扭曲"修改器的"参数"卷展栏

图 4-19 3 股绳索模型

课堂讲解——创建 3 股绳索模型

（1）在顶视图中创建"半径"为 5mm、"高度"为 2000mm、"高度分段"为 200、"边数"为 20 的圆柱体，并将其呈三角形克隆排列，如图 4-20 所示。

（2）选中 3 个圆柱体，将其成组为"3 股麻绳"组对象，在修改器列表中选择"扭曲"修改器，设置"角度"为 720°、"扭曲轴"为 Z，其他参数按照默认设置，此时 3 个圆柱体呈现麻花状扭曲效果，如图 4-21 所示。

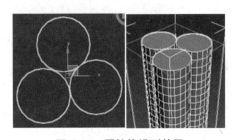

图 4-20 圆柱体排列效果

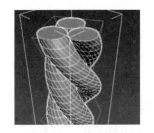

图 4-21 圆柱体扭曲效果

（3）右击并在弹出的快捷菜单中选择"转换为"/"转换为可编辑多边形"命令，将对象转换为多边形，首先执行"组"/"解组"命令将组取消，然后选中其中一个圆柱体，右击并在弹出的快捷菜单中选择"附加"命令，分别单击另外两个圆柱体将其附加，最后将附加后的对象命名为"3 股麻绳"。

（4）在"命令"面板中单击 图形"图形"按钮进入"二维图形创建"面板，在"对象类型"卷展栏中单击 螺旋线 按钮，在透视图中拖曳鼠标创建螺旋线，并修改"半径 1"为 100mm、"半径 2"为 50mm、"高度"为 0mm、"圈数"为 2，效果如图 4-22 所示。

（5）选择被扭曲后的圆柱体，为其选择"路径变形"修改器，在"路径变形"卷展栏中单击"无"按钮，拾取螺旋线，扭曲的麻绳沿螺旋线变形呈盘绕状态，如图 4-23 所示。

课堂练习——使用"扭曲"修改器创建城市雕塑模型

在使用"扭曲"修改器创建模型时可以设置限制范围，使模型局部产生扭曲。首先创建50mm×50mm×200mm 的四棱锥模型，并设置"深度分段""宽度分段"均分 5，"高度分段"为 30，将其克隆 4 个并成组，然后使用"扭曲"修改器，设置其"上限"和"下限"值，使其在模型中部进行扭曲，以创建城市雕塑模型，效果如图 4-24 所示。

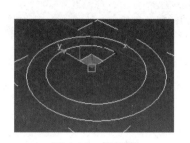

图 4-22 螺旋线

图 4-23 盘绕的 3 股麻绳

图 4-24 城市雕塑模型

4.1.5 FFD 修改器建模——创建五角星模型

FFD 修改器包括"FFD 长方体"、"FFD 圆柱体"、"FFD2×2×2"、"FFD3×3×3"及"FFD4×4×4"修改器，这类修改器是通过调整控制点来调整对象形态的。下面我们使用"FFD 圆柱体"修改器创建五角星模型，如图 4-25 所示。其他FFD 修改器的使用方法与此相同，不再讲解。

图 4-25 五角星模型

课堂讲解——创建五角星模型

（1）创建"边数"为 10，"半径"为 100mm，"圆角"为 0mm，"高度"为 1mm，"侧面分段"、"高度分段"及"圆角分段"均为 1 的球棱柱，在修改器列表中选择"FFD（圆柱体）"修改器。

📝 **小贴士：**

在默认设置下，FFD 修改器的"侧面"点数为 6，"径向"和"高度"点数均为 4，用户可以根据需要设置点数。

（2）单击"FFD 参数"卷展栏下的 设置点数 按钮打开"设置 FFD 尺寸"对话框，修改"侧面"点数为 10，"径向"和"高度"点数均为 2，如图 4-26 所示。

（3）单击"确定"按钮关闭该对话框，按 1 键进入"控制点"层级，按住 Ctrl 键以"窗口"方式间隔 1 个控制点选取修改器的5 个控制点，如图 4-27 所示。

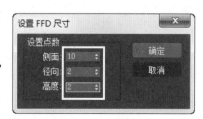

图 4-26 设置点数

（4）在透视图中右击并在弹出的快捷菜单中选择"缩放"命令，沿 XY 平面对控制点进行缩放，调整出五角星模型的形态，如图 4-28 所示。

（5）按住 Ctrl 键以"窗口"方式加选中间位置的控制点，按 F 键切换到前视图，沿 Y 轴对控制点进行放大，调整五角星模型的厚度，如图 4-29 所示。

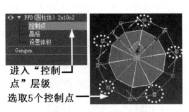
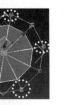
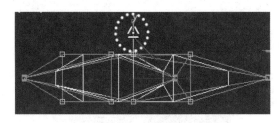

图 4-27　选取控制点　　　图 4-28　调整五角星模型的形态　　　图 4-29　调整五角星模型的厚度

（6）这样就完成了五角星模型的创建。

课堂练习——使用 FFD3x3x3 修改器创建靠垫模型

创建 400mm×400mm×200mm，"长度分段"与"宽度分段"均分 2 的长方体，参照创建五角星模型的方法，使用"FFD3×3×3"修改器创建靠垫模型，操作提示如下。

进入"控制点"层级，首先在顶视图中选择长方体 4 条边上的控制点沿 XY 平面进行缩放，将 4 条边向内收缩，再选择 4 个角上的控制点，在前视图中沿 Y 轴进行缩小，将 4 个角压扁，最后添加"涡轮平滑"修改器进行平滑处理，操作流程如图 4-30 所示。

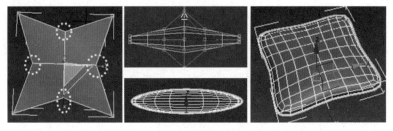

图 4-30　靠垫模型创建流程

4.1.6　"晶格"修改器建模——创建科技粒子模型

"晶格"修改器有"几何体"、"支柱"及"节点" 3 个参数设置，在"几何体"选项组中选择晶格的范围，在"支柱"选项组中设置支柱的半径、边数等，在"节点"选项组中设置节点的半径、基点面类型等。使用"晶格"修改器可以对三维模型进行晶格化处理，其"参数"卷展栏如图 4-31 所示。

科技建模是三维建模中不可缺少的内容。科技建模一般比较复杂，使用传统建模方法很难完成，下面我们使用"晶格"修改器创建科技粒子模型（见图 4-32），讲解使用"晶格"修改器建模的方法。

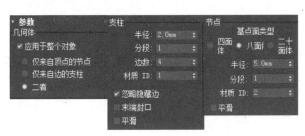

图 4-31　"晶格"修改器的"参数"卷展栏

图 4-32　科技粒子模型

课堂讲解——创建科技粒子模型

（1）创建"基础曲线"为"结"、"半径"为30mm、"分段"为120、横截面半径为10mm、"边数"为10、"偏心率"为0.6的环形结（其他参数采用默认设置），如图4-33所示。

（2）在修改器列表中选择"晶格"修改器，在"几何体"选项组中选中"二者"单选按钮，设置"支柱"的"半径"为1mm，"节点"的基点面类型为"二十面体"，并设置"半径"为3mm，其他参数采用默认设置，完成科技粒子模型的创建，效果如图4-34所示。

课堂练习——创建球形粒子模型

创建一个球体，设置合适的半径及分段数，首先使用"锥化"修改器进行锥化处理，然后使用"晶格"修改器创建粒子效果，效果如图4-35所示。

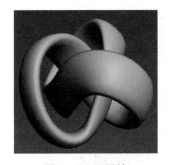

图 4-33　环形结

图 4-34　科技粒子模型效果

图 4-35　球形粒子模型效果

4.1.7　"噪波"修改器建模——创建皱褶效果

"噪波"修改器通过随机变化模型顶点的位置来产生一种看似杂乱的变形效果，常用来制作山脉、水面波浪或者对象表面皱褶等效果。

打开"素材"/"靠垫.max"文件，我们会发现靠垫模型很光滑，缺少布纹所具有的皱褶效果，下面使用"噪波"修改器，在靠垫模型上创建皱褶效果，讲解使用"噪波"修改器建模的方法。

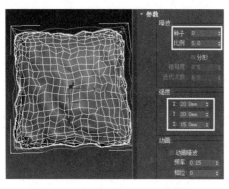

图 4-36　"噪波"修改器的参数设置

课堂讲解——在靠垫模型上创建皱褶效果

（1）选择靠垫模型，在修改器列表中选择"噪波"修改器，展开"参数"卷展栏，发现该修改器的参数设置包括"噪波"与"强度"两部分。

（2）在"噪波"选项组中设置"种子"为 0、"比例"为 5，在"强度"选项组中设置噪波在 X 轴上和 Y 轴上的强度均为 20mm，在 Z 轴上的强度为 15mm，此时靠垫模型表面出现皱褶效果，如图 4-36 所示。

小贴士：

使用"噪波"修改器可以制作动画效果，在"动画"选项组中勾选"动画噪波"复选框并设置"频率"与"相位"参数，即可将噪波效果记录为动画。

（3）在修改器列表中选择"涡轮平滑"修改器，并设置"迭代次数"为 1，对靠垫模型进行适当的平滑处理，完成靠垫模型皱褶效果的制作，如图 4-37 所示。

课堂练习——创建波光粼粼的水面动画效果

使用"噪波"修改器可以制作动画效果，下面读者自己尝试创建平面，然后使用"噪波"修改器设置相关参数，创建波光粼粼的水面动画效果，如图 4-38 所示。

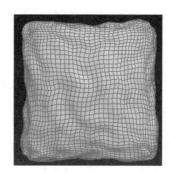

图 4-37　具有皱褶效果的靠垫模型

图 4-38　波光粼粼的水面动画效果

4.1.8　"波浪"修改器建模——创建拱形波浪塑料雨棚模型

"波浪"修改器常用于在动画中创建水平波浪效果，其参数设置比较简单，通过"振幅 1"和"振幅 2"参数设置波浪的大小，通过"波长"参数设置波浪的长度，通过"相位"参数设置波浪的位移，通过"衰退"参数设置波浪的衰退，其参数设置如图 4-39 所示。

下面使用"波浪"修改器，结合"弯曲"修改器创建一个拱形波浪塑料雨棚模型（见图 4-40），学习使用"波浪"修改器建模的方法。

图 4-39 "波浪"修改器的参数设置

图 4-40 拱形波浪塑料雨棚模型

课堂讲解——创建拱形波浪塑料雨棚模型

（1）在透视图中创建"长度"和"宽度"均为 300mm，"长度分段"和"宽度分段"均为 100 的平面。

（2）选择"波浪"修改器，设置"振幅 1"为 22mm、"振幅 2"为-5mm、"波长"为 15mm、"相位"为 0、"衰退"为 0，效果如图 4-41 所示。

（3）选择"弯曲"修改器，设置"角度"为 150°、"弯曲轴"为 X，其他参数采用默认设置，完成拱形波浪塑料雨棚模型的创建，效果如图 4-40 所示。

课堂练习——创建水面波浪动画效果

"波浪"修改器用于创建水面波浪动画效果。下面读者自己尝试创建一个平面，设置合适的分段数，添加"波浪"修改器，在动画区单击 自动关键点 按钮，将时间线拖到第 100 帧的位置，设置"波浪"选项组中各选项的参数，调整"相位"值以记录动画，创建一个水平波浪动画效果，如图 4-42 所示。

图 4-41 波浪效果

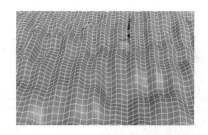

图 4-42 水平波浪动画效果

4.1.9 "壳"修改器建模——创建卷曲的厚纸板模型

使用"壳"修改器可以为单面模型增加厚度，其参数设置比较简单，包括"内部量""外部量""分段"3 个基本参数，"内部量"和"外部量"用于设置模型的内、外厚度，而"分段"用于设置厚度的分段数，其"参数"卷展栏如图 4-43 所示。

下面使用"壳"修改器，结合"弯曲"修改器，创建一个卷曲的厚纸板模型（见图 4-44），学习使用"壳"修改器建模的方法。

图 4-43　"壳"修改器的"参数"卷展栏　　　　图 4-44　卷曲的厚纸板模型

课堂讲解——创建卷曲的厚纸板模型

（1）在顶视图中创建"长度"与"宽度"均为 1000mm 的平面，设置其"长度分段"与"宽度分段"均为 100。

（2）在修改器列表中选择"弯曲"修改器，设置"角度"为 360°、"方向"为 0、"弯曲轴"为 X，勾选"限制效果"复选框，设置"上限"为 250mm、"下限"为 0mm，效果如图 4-45 所示。

（3）继续选择"弯曲"修改器，设置"角度"为 2000°、"方向"为 0、"弯曲轴"为 X，勾选"限制效果"复选框，设置"上限"为 0mm、"下限"为-1000mm，效果如图 4-46 所示。

（4）选择"壳"修改器，设置"内部量"和"外部量"均为 2mm，为纸板模型增加厚度，完成卷曲的厚纸板模型的创建，如图 4-46 所示。

课堂练习——为拱形波浪塑料雨棚增加厚度

在 4.1.8 节的案例中我们创建了拱形波浪塑料雨棚模型，该雨棚模型没有厚度，下面读者自己尝试使用"壳"修改器为该雨棚模型增加厚度，效果如图 4-47 所示。

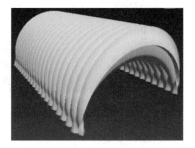

图 4-45　"弯曲"效果　　　　图 4-46　"弯曲"与"壳"效果　　　　图 4-47　"壳"效果

🔬 综合实训——创建塑料椅子模型

在本综合实训中，将学习"弯曲"修改器、FFD 修改器、"壳"修改器等多种修改器的应用方法以及在实际工作中的操作技巧，为后续深入学习三维建模打下基础，塑料椅子模型效果如图 4-48 所示。

图 4-48 塑料椅子模型效果

详细操作步骤见配套教学资源中的视频讲解。

创建塑料椅子模型的练习评价

综合实训任务	检 查 点	完 成 情 况	出现的问题及解决措施
	"弯曲"修改器的应用	□完成　□未完成	
创建塑料椅子模型	"壳"修改器的应用	□完成　□未完成	
	FFD 修改器的应用	□完成　□未完成	

4.2　VRay 对象建模

V-Ray 渲染器是 3ds Max 外挂的一款渲染插件，除了可以渲染三维场景，它还自带了建模功能，可以创建三维模型。在"几何体"下拉列表中选择 VRay 选项，在"对象类型"卷展栏中即可显示相关创建按钮，如图 4-49 所示。

本节讲解常用的几种 V-Ray 建模命令。

图 4-49 V-Ray 渲染器的对象类型

4.2.1 "（VR）平面"建模——创建地面

在三维场景中，地面用于承载所有对象，在通常情况下，我们使用几何体中的"平面"或者"长方体"来创建地面，但需要调整大小以满足要求，而（VR）平面是一个无限大的面，无须进行任何设置，即可满足任何场景的地面要求。

课堂讲解——使用"（VR）平面"创建地面

（1）单击　(VR)平面　按钮，在视图中单击创建一个（VR）平面。

（2）按 F10 键打开"渲染设置"对话框，设置 V-Ray 渲染器，按 M 键打开"材质编辑器"

窗口，为（VR）平面指定材质，按 F9 键快速渲染场景，即可创建一个无限大的地面，如图 4-50 所示。

图 4-50　使用"（VR）平面"创建地面

4.2.2　"自动树篱"建模——创建树木

"自动树篱"类似于"AEC 扩展"中的"植物"，是一种用于创建树木或者由树木形成篱笆的建模工具，下面讲解通过"自动树篱"创建树木的操作。

课堂讲解——使用"自动树篱"创建树木

（1）单击 自动树篱 按钮，在"树篱对象"卷展栏中单击"打开图形库"按钮，打开系统预设的树木与树篱，如图 4-51 所示。

图 4-51　系统预设的树木与树篱

（2）首先单击树木或树篱图片，在场景中单击创建树木，然后进入"修改"面板，修改树木的密度、细枝、离地间隙等参数，最后在场景中创建照明系统，按 F9 键快速渲染场景，得到最终效果，如图 4-52 所示。

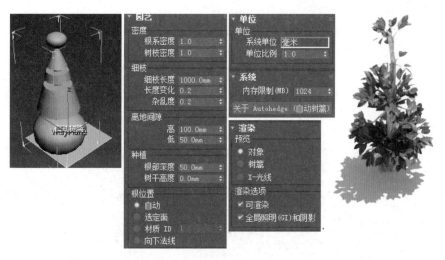

图 4-52　创建并修改树木

4.2.3　"自动植草"建模——创建草坪

"自动植草"是一种用于创建草坪的工具，可以在任何对象上创建草坪，还允许用户选择草坪的种类。下面讲解通过"自动植草"创建草坪的操作。

课堂讲解——使用"自动植草"创建草坪

（1）首先创建平面，然后单击 **自动植草** 按钮，在平面上创建草坪。

（2）进入"修改"面板，在"预设"选项组中单击"草预设"按钮，选择所需草的类型，然后在"修改"面板中修改草的其他参数。

（3）在场景中设置照明系统，按 F9 键快速渲染场景，即可看到草坪，如图 4-53 所示。

图 4-53　创建草坪

4.2.4　"（VR）毛皮"建模——创建毛毯

（VR）毛皮用于创建毛发、毛毯等对象。本节讲解相关知识。

课堂讲解——使用"（VR）毛皮"创建毛毯

（1）创建平面作为毛毯，单击 （VR）毛皮 按钮，在平面上出现毛皮，进入"修改"面板，发现"（VR）毛皮"有"参数"、"贴图"及"视口显示"3个卷展栏，而且参数设置非常多，如图4-54所示。

图4-54　毛皮效果与"（VR）毛皮"的"参数"卷展栏

（2）"（VR）毛皮"的参数设置虽然很多，但操作非常简单，在"参数"卷展栏中根据毛皮的用途来设置长度、厚度、重力、弯曲、变化、分布情况及放置的位置等。

（3）在"贴图"卷展栏中可以为毛皮的每个细节制作贴图。例如，弯曲方向贴图、长度贴图、厚度贴图、密度贴图等，以制作更加逼真的毛皮效果。

（4）在"视口显示"卷展栏中设置毛皮在视口中的最大显示数量，这样就完成了毛毯的制作，如图4-55所示。

综合实训——创建瓜楞形花口石花坛模型

在本综合实训中，将学习各种修改器的应用技巧，为后续三维建模奠定基础。瓜楞形花口石花坛模型效果如图4-56所示。

图4-55　毛毯

图4-56　瓜楞形花口石花坛模型效果

详细操作步骤见配套教学资源中的视频讲解。

创建瓜楞形花口石花坛模型的练习评价

综合实训任务	检 查 点	完 成 情 况	出现的问题及解决措施
创建瓜楞形花口 石花坛模型	"FFD 圆柱体"修改器的应用	□完成 □未完成	
	"锥化"修改器的应用	□完成 □未完成	
	子对象的编辑	□完成 □未完成	

知识巩固与能力拓展

1. 单选题

01. （VR）毛皮属于（　　）。

A. 贴图　　　　　　B. 材质　　　　　　C. 模型

02. 单击修改器工具栏中的（　　）按钮可以隐藏修改器的编辑结果。

A. 　　　　　　B. 　　　　　　C.

03. 可以为一个对象指定（　　）修改器。

A. 1 个　　　　　B. 2 个　　　　　　C. 多个

04. 删除指定的修改器的方法有（　　）。

A. 选择要删除的修改器，单击工具栏中的 　 按钮

B. 选择要删除的修改器，单击工具栏中的 　 按钮

C. 直接将修改器拖到修改器堆栈外

2. 多选题

01. 进入 FFD 修改器"控制点"的方法有（　　）。

A. 按 1 键

B. 在修改器堆栈中单击"控制点"层级

C. 按 2 键

02. 影响"弯曲"效果的因素有（　　）。

A. 对象的分段数　　　　　　　B. 弯曲角度　　　　　C. 弯曲轴

03. 没有厚度的对象是（　　）。

A. 平面　　　　　　　　　　　B. （VR）平面　　　　C. 壳

3. 实践操作题

应用前面章节所学知识，创建如图 4-57 所示的圈椅三维模型。

操作提示：

首先创建"长度"为 400mm、"宽度"为 1500mm、"高度"为 100mm、"长度分段"为 10、"宽度分段"为 30、"高度分段"为 2 的长方体作为圈椅的靠背，添加"FFD 长方体"修改器、"弯曲"修改器，编辑出圈椅的 U 型靠背模型，然后创建切角圆柱体，继续使用"FFD 长方体"修改器编辑出圈椅的坐垫与底座模型。

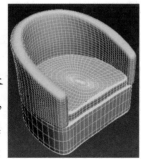

图 4-57　圈椅三维模型

三维设计的样条线——样条线建模

第 5 章

⬇ 工作任务分析

本任务主要学习样条线建模的相关知识，内容包括样条线的创建、编辑，以及使用样条线创建三维模型的相关知识，以丰富学生的知识储备，奠定坚实的三维设计基础。

⬇ 知识学习目标

● 认识样条线。

● 掌握样条线的创建方法。

● 掌握样条线的编辑技巧。

● 掌握使用样条线建模的方法。

⬇ 技能实践目标

● 能够创建各种样条线。

● 能够编辑与修改各种样条线。

● 能够使用样条线创建三维模型。

在 3ds Max 三维设计中，使用样条线建模是非常重要的建模手段，本章就来学习 3ds Max 样条线建模的相关知识。

5.1 创建样条线

在 3ds Max 系统中，使用样条线建模是必不可少的建模手段。本节学习创建样条线的方法。

5.1.1 了解样条线在三维建模中的作用

"样条线"其实就是我们常见的一些基本图形，如线、矩形、圆形、圆弧、多边形等。在"创建"面板中单击 "图形"按钮，在其下拉列表中选择"样条线"选项，在"对象类型"卷展栏中显示样条线的创建按钮，如图 5-1 所示。

课堂讲解——样条线在三维建模中的作用

样条线在三维建模中主要有以下 3 种作用。

1. 直接生成三维模型

样条线可以直接生成三维模型。例如，创建一条样条线，通过设置"可渲染"选项，可以直接生成立方体或者圆柱体，如图 5-2 所示。

图 5-1 样条线"创建"面板

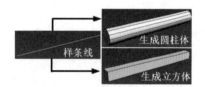

图 5-2 样条线直接生成三维模型

2. 添加修改器创建三维模型

在修改器列表中有专门针对样条线的相关修改器，通过添加修改器，可以生成三维模型。例如，首先创建矩形和圆形，然后添加"挤出"修改器，即可创建立方体和圆柱体，如图 5-3 所示。

3. 通过放样创建三维模型

放样是一种非常重要的建模手段，放样的对象就是样条线。例如，创建圆形作为放样路径，创建另一个圆形和矩形作为放样截面图形，通过放样创建三维模型，如图 5-4 所示。

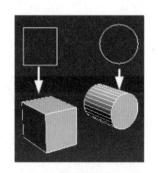

图 5-3 添加修改器创建三维模型

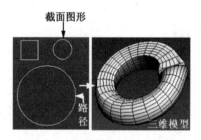

图 5-4 通过放样创建三维模型

5.1.2 了解"线"的创建方法

"线"是一种特殊的样条线，其创建方法相对比较复杂，在创建"线"之前，首先需要选择创建方法，下面讲解相关知识。

课堂讲解——"线"的创建方法

单击 线 按钮，展开"创建方法"卷展栏，分别在"初始类型"和"拖动类型"选项组中设置点的类型。

- 初始类型："线"的起点类型，包括"角点"和"平滑"两种类型。选择"角点"类型将产生一个尖端，单击可创建直线；选择"平滑"类型将通过顶点产生一条平滑、不可调整的曲线，由顶点的间距来设置曲率。

- 拖动类型：除起点外其他点的类型，包括"角点"、"平滑"和 Bezier 3 种类型。当选择 Bezier 类型时，通过顶点产生一条平滑、可调整的曲线，通过在每个顶点拖曳鼠标来设置曲率的值和曲线的方向，如图 5-5 所示。

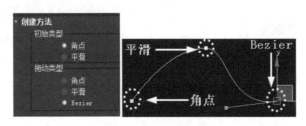

图 5-5 设置点的类型

5.1.3 创建"线"

根据创建方法的不同，"线"的创建结果可分为"直线型"和"曲线型"两种，本节讲解创建"线"的方法和技巧。

课堂讲解——创建"线"

1. 创建直线

单击 线 按钮，在默认设置下，可通过"单击→移动→单击→⋯→右击"的步骤来创建直线型对象。

"单击"确定线的起点，"移动"确定线的长度，再"单击"确定线的下一点，依次连续执行该步骤创建直线型对象，最后"右击"结束操作。按住 Shift 键并移动光标，可以创建水平或垂直的直线段，其创建流程如图 5-6 所示。

2. 创建曲线

可以采用"单击→移动→拖曳→移动→拖曳→⋯→单击→右击"的步骤创建曲线型对象。

"单击"确定曲线的起点，"移动"确定曲线的长度，"拖曳"确定曲线的另一点与曲率，再"移动"确定曲线的另一段长度，再"拖曳"确定曲线的下一点与曲率，依次连续执行该步骤创建曲线型对象，最后"单击"确定一点，"右击"结束操作，其创建流程如图 5-7 所示。

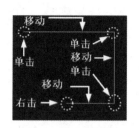

图 5-6　直线的创建流程

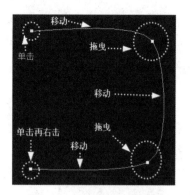

图 5-7　曲线的创建流程

小贴士：

　　"单击"是指单击鼠标左键，"移动"是指移动光标，"拖曳"是指按住鼠标左键移动光标，"右击"是指单击鼠标右键。另外，如果想使用线绘制一个闭合图形，则在绘制结束时移动光标到起点上并单击，此时会弹出"样条线"对话框，单击 是(Y) 按钮即可绘制闭合图形，如图 5-8 所示。

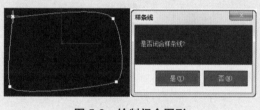

图 5-8　绘制闭合图形

5.1.4　设置"线"的渲染效果与插值

本节讲解"线"的渲染效果与插值设置。

课堂讲解——设置"线"的渲染效果与插值

1. 设置"线"的渲染效果

　　所有的二维图形都是不可渲染的，简单来说，就是在渲染时看不到二维图形，但是，通过设置其渲染属性，或者为其添加修改器，使其生成为三维模型，这样就可以对其进行渲染了，而进行"渲染"设置是二维图形生成为三维模型最简单、最直接的方法。

　　绘制一条线，展开"渲染"卷展栏，勾选"在渲染中启用"与"在视口中启用"复选框，这样，绘制的线就会直接生成为三维模型并可以被渲染。

　　选中"径向"单选按钮，设置"厚度""边""角度"参数，生成圆柱体，选中"矩形"单选按钮，设置"长度""宽度""角度""纵横比"参数，生成长方体，如图 5-9 所示。

2. 设置"线"的插值

　　曲线的平滑程度取决于其"插值"，在默认设置下，"线"的插值"步数"为6，用户可以根据设计需求，重新设置插值的"步数"参数。

绘制一条曲线，展开"插值"卷展栏，重新设置"步数"参数，或者勾选"自适应"复选框，以调整曲线的平滑程度，"步数"越大，曲线越平滑，反之曲线越不平滑。图 5-10 所示是"步数"为 1 与"步数"为 10 时的曲线效果。

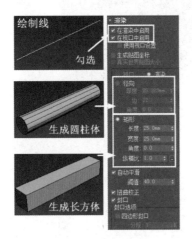

图 5-9　线的渲染设置

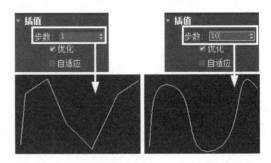

图 5-10　"步数"为 1 与"步数"为 10 时的曲线效果

图 5-11　绘制四边形

课堂练习——使用"线"绘制四边形

读者自己尝试使用"线"绘制由直线围成的四边形和由曲线围成的四边形，感受不同类型的"线"的绘制方法，如图 5-11 所示。

5.1.5　创建其他样条线

除"线"外，其他样条线的创建方法基本相似，也比较简单，大多数对象只需通过"拖曳"，或者"拖曳→移动→单击"即可完成创建，创建完成后，进入"修改"面板修改参数，下面讲解其他样条线的创建方法。

课堂讲解——创建其他样条线

（1）创建矩形。单击 矩形 按钮，在视图中拖曳鼠标即可创建一个矩形，进入"修改"面板，在"参数"卷展栏中修改矩形的"长度""宽度""角半径"参数，如图 5-12 所示。

图 5-12　创建与修改矩形

（2）创建圆环。单击 圆环 按钮，在视图中拖曳鼠标确定"半径 1"的大小，移动光标确定"半径2"的大小，单击完成圆环的创建，如图5-13所示。

（3）进入"修改"面板，在"参数"卷展栏中修改"半径1"与"半径2"的参数，对圆环进行修改，如图5-14所示。

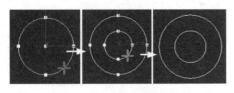

图5-13 圆环的创建流程

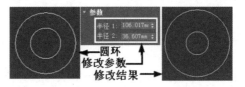

图5-14 修改圆环

（4）创建文本。单击 文本 按钮，在"参数"卷展栏中设置"字体"为"宋体"、"大小"为100mm，其他参数采用默认设置，在输入框中输入"祖国万岁"，在视图中单击，即可创建文本，如图5-15所示。

（5）进入"修改"面板，修改"字体"为"粗黑宋简体"，并在"渲染"卷展栏中选中"矩形"单选按钮，设置"长度"为120mm、"宽度"为3mm，此时文本被生成为三维模型，如图5-16所示。

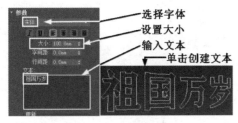

图5-15 创建文本

图5-16 生成三维模型

课堂练习——创建其他样条线

除以上所讲的样条线的创建与修改方法以外，其他样条线的创建与修改方法与此基本相同，下面读者自己尝试创建其他样条线，并在"修改"面板中对其参数进行修改。

5.2 编辑样条线

样条线有3个子对象，分别是"顶点""线段""样条线"，编辑样条线其实就是编辑这些子对象，通过对其子对象的编辑，可使其满足三维设计的相关要求。本节讲解编辑样条线的相关知识。

5.2.1 编辑"顶点"子对象建模——创建"心心相印"三维模型

"顶点"是线的最小图元，绘制一条样条线，按1键进入"顶点"层级，可以对

"顶点"进行移动、删除、断开、焊接等一系列操作。本节讲解编辑"顶点"子对象的相关知识。

课堂讲解——编辑"顶点"子对象

1. 移动、删除顶点

无论是移动还是删除顶点，都会改变线的形态。

（1）首先单击 ⊞ "选择并移动"按钮，然后单击线段中间的顶点，该顶点显示为红色。

（2）沿任意方向移动顶点，线的形态发生变化，按 Delete 键删除该顶点，线的形态同样会发生变化，如图 5-17 所示。

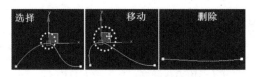

图 5-17 移动、删除顶点

📋 **小贴士：**

在修改器堆栈中单击 Line 前面的三角形按钮将其展开，显示"线"对象的 3 个子对象，选择"顶点"选项，或者展开"选择"卷展栏，单击 ⊞ "顶点"按钮（以蓝色显示），即可进入"顶点"层级。

2. 设置顶点的类型

样条线上的"顶点"有 4 种类型，不同类型的"顶点"会产生不同的样条线效果，用户可以根据具体需要来设置"顶点"的类型。

选择"顶点"并右击，在弹出的快捷菜单中显示 4 种类型的"顶点"，分别是"Bezier 角点"、"Bezier"、"角点"及"平滑"，如图 5-18 所示。

（1）"Bezier 角点"类型是一种带有不连续的切线控制柄的顶点，用户可以沿 X、Y 轴及 XY 平面调节切线控制柄，从而影响顶点一端的曲线形状。创建锐角转角曲线，线段离开转角时的曲率是由切线控制柄的方向和量级确定的。

（2）Bezier 类型是一种带有连续的切线控制柄的顶点，用户可以沿 X、Y 轴及 XY 平面调节切线控制柄，从而影响顶点两端的曲线形状。创建平滑曲线，顶点处的曲率由切线控制柄的方向和量级确定。

（3）"角点"类型是一种不可调节、可创建锐角转角直线的顶点。

（4）"平滑"类型是一种不可调节、可创建平滑连续曲线的顶点，其平滑处的曲率是由相邻顶点的间距确定的。

不同类型的顶点产生的样条线效果如图 5-19 所示。

图 5-18 顶点的类型

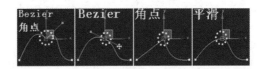

图 5-19 不同类型的顶点产生的样条线效果

3. 焊接、连接、断开顶点

用户可以将两个"顶点"焊接、连接或断开，以满足三维设计的要求。

（1）单击"几何体"卷展栏中的 连接 按钮，移动光标到样条线一端的顶点上，拖曳鼠标到另一端的顶点上后释放鼠标，两个顶点之间出现一段线，两个顶点被连接在一起，如图 5-20 所示。

图 5-20 连接顶点

（2）选择样条线上的一个顶点，在"几何体"卷展栏中单击 断开 按钮，然后移动该顶点，发现顶点被断开，如图 5-21 所示。

（3）选择断开的两个顶点，在"几何体"卷展栏中单击 焊接 按钮，此时两个顶点被焊接在一起，如图 5-22 所示。

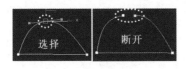

图 5-21 断开顶点

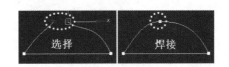

图 5-22 焊接顶点

📋 **小贴士：**

> 如果两个顶点相邻，可以将其焊接为一个顶点，在焊接时，可以根据两个顶点之间的距离，在 焊接 按钮后面的输入框中输入一个焊接阈值；如果两个顶点相距较远，则可以通过连接操作使其成为一个顶点。通过这种操作可以将一条非闭合的样条线创建为闭合的样条线，或者将两条样条线创建为一条，而通过断开操作，可以将一条样条线创建为两条，或创建非闭合的样条线。需要说明的是，在进行连接或焊接操作时，两个顶点必须是一条线上的两个顶点或附加在一起的两条线上的两个顶点。有关"附加"的相关知识，将在后面章节进行讲解。

4. 圆角与切角

"角点"类型的顶点会产生尖锐的转角效果，通过执行"圆角"和"切角"命令，可以使其尖锐的角点变得平滑。

（1）选择类型为"角点"的顶点，单击"几何体"卷展栏中的 圆角 按钮，在其按钮后面的输入框中输入圆角值，或者移动光标到顶点上后拖曳鼠标，此时顶点出现圆角效果，如图 5-23 所示。

（2）选择顶点，单击█████切角█████按钮，在其后面的输入框中输入切角值，或者移动光标到顶点上后拖曳鼠标，对顶点进行切角操作，如图 5-24 所示。

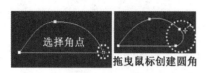

图 5-23　创建圆角

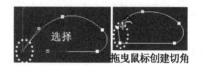

图 5-24　创建切角

课堂练习——创建相互嵌套的心形三维模型

读者自己尝试使用"线"创建闭合的样条线，首先设置顶点类型并调整顶点，然后设置"可渲染"参数，最后结合"旋转"命令创建两个相互嵌套的心形三维模型，效果如图 5-25 所示。

图 5-25　相互嵌套的心形三维模型效果

5.2.2　编辑"线段"子对象建模——创建玻璃彩钢瓦模型

"线段"是两个"顶点"之间的线，按 2 键进入"线段"层级，即可对"线段"进行编辑。本节讲解编辑"线段"子对象的相关知识。

课堂讲解——编辑"线段"子对象

1.　在线段上添加顶点

用户可以在线段上添加顶点。

（1）绘制一条样条线，进入"线段"层级，选择样条线。

（2）在"几何体"卷展栏中单击██优化██按钮，在线段上单击添加顶点，移动光标到合适位置后再次单击，继续添加顶点，依次添加多个顶点后，右击退出操作，如图 5-26 所示。

（3）在"几何体"卷展栏中单击██插入██按钮，在线段上单击，光标会被吸附到线段上，移动光标到合适位置，此时线段的形态将发生变化，再次单击添加顶点，右击退出操作，如图 5-27 所示。

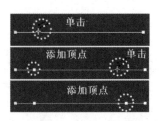

图 5-26　使用"优化"方式添加顶点

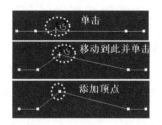

图 5-27　使用"插入"方式添加顶点

2. 拆分与分离线段

用户可以通过添加由微调器指定的顶点来均匀细分线段，也可以将线段从样条线中分离出来，使其成为独立的样条线。

（1）拆分线段。选择线段，在"几何体"卷展栏的 拆分 按钮后面的输入框中输入拆分的顶点数。例如，输入 4，单击该按钮，线段上将添加 4 个顶点，线段被均匀拆分为 5 段，如图 5-28 所示。

（2）分离线段。选择线段，在"几何体"卷展栏的 分离 按钮旁边选择分离的方式。选择"同一图形"方式，可以将线段保留为形状的一部分；选择"重定向"方式，被分离的线段将复制原对象局部坐标系的位置和方向，此时，将会移动和旋转新的分离对象，以便对局部坐标系进行定位，并使其与当前活动栅格的原点对齐；选择"复制"方式，可以将线段复制并分离出一个副本。例如，选择"复制"方式，单击 分离 按钮打开"分离"对话框，为分离对象命名，然后单击"确定"按钮以分离对象，如图 5-29 所示。

课堂练习——创建玻璃彩钢瓦模型

彩钢瓦是建筑设计中常用的构件，下面读者自己尝试创建一条线，将其均匀分为若干段，调整各顶点创建一段波浪线，然后设置渲染参数，创建玻璃彩钢瓦模型，效果如图 5-30 所示。

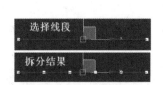

图 5-28　均匀拆分线段

图 5-29　使用"复制"方式分离线段

图 5-30　玻璃彩钢瓦模型

5.2.3　编辑"样条线"子对象

"样条线"子对象是样条线对象的全部，用户可以在"样条线"子对象层级对样条线对象进行编辑，本节讲解编辑"样条线"子对象的相关知识。

课堂讲解——编辑"样条线"子对象

1. 添加轮廓

（1）创建一个样条线对象，按 3 键进入"样条线"层级，单击样条线对象，其显示为红色。

（2）在"几何体"卷展栏中单击 ▊轮廓▊ 按钮，将光标移动到样条线对象上后拖曳鼠标，为样条线对象添加轮廓，如图 5-31 所示。

✎ **小贴士：**

用户也可以在 ▊轮廓▊ 按钮后面的输入框中直接输入轮廓参数，单击 ▊轮廓▊ 按钮绘制轮廓。

2. 附加

用户可以将两个及两个以上的样条线对象进行附加，附加后的样条线对象会成为整个图形的一个"样条线"子对象。

保留上一个案例中创建的样条线对象，然后重新创建一个样条线对象，进入"样条线"层级，在"几何体"卷展栏中单击 ▊附加▊ 按钮，移动光标到另一个样条线对象上后单击，该样条线对象被附加，如图 5-32 所示。

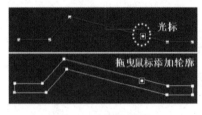

图 5-31　添加轮廓

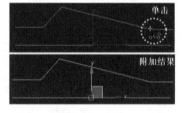

图 5-32　附加

✎ **小贴士：**

如果要附加多个样条线对象，则可以单击"几何体"卷展栏中的 ▊附加多个▊ 按钮，打开"附加多个"对话框，选择需要附加的对象后单击 ▊附加▊ 按钮，即可将这些对象同时附加。

3. 布尔运算

布尔运算包括并集、差集及交集 3 种方式。"并集"是得到两个及两个以上相交的对象相加的结果；"差集"是得到两个及两个以上相交的对象相减的结果；"交集"是得到两个及两个以上相交的对象的公共部分。通过执行这些布尔运算，可以将两个及两个以上的闭合样条线对象重新组合成另一个样条线对象。

执行布尔运算必须具备以下 4 个条件。

① 两个图形必须是附加的可编辑样条线对象。

② 两个图形必须在同一个平面内。

③ 两个图形必须是闭合的样条线图形。

④ 两个图形必须相交。

（1）创建相交的三角形和四边形，进入"样条线"层级，将两个对象进行附加。

（2）选择三角形，在"几何体"卷展栏中单击 布尔 按钮右侧的 "并集"按钮，再单击 布尔 按钮，最后单击四边形，结果三角形和四边形并集生成新的对象，如图5-33所示。

下面读者自己尝试按Ctrl+Z快捷键取消"并集"布尔运算，再使用相同的方法，分别单击 "差集"按钮和 "交集"按钮，对两个图形进行"差集"和"交集"布尔运算，看看这两种布尔运算与"并集"布尔运算有什么不同，结果如图5-34所示。

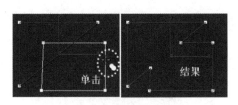

图5-33 "并集"布尔运算

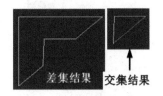

图5-34 "差集"与"交集"布尔运算结果

4. "修剪"、"镜像"与"延伸"

"修剪"操作与"布尔运算"有些相似，区别在于，"修剪"操作更随意一些，进入"样条线"层级，单击 修剪 按钮，直接单击要修剪的线段，即可完成"修剪"操作，如图5-35所示。

"镜像"是指将"样条线"进行镜像，包括"水平""垂直""对称"3种方式，在镜像的同时还可以克隆对象。进入"样条线"层级，选择样条线对象，在"几何体"卷展栏中分别单击 "水平"、 "垂直"及 "对称"按钮，然后单击 镜像 按钮，即可对样条线进行镜像，效果如图5-36所示。

"延伸"与"修剪"操作相反，进入"样条线"层级，单击 延伸 按钮，在样条线一端单击，该样条线会延伸到与另一条样条线相交，如图5-37所示。

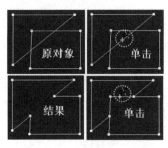

图5-35 "修剪"操作

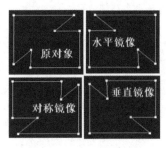

图5-36 "镜像"操作

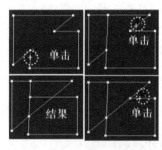

图5-37 "延伸"操作

5.2.4 编辑其他样条线

在样条线中，除"线"外，其他对象并不属于"可编辑样条线"对象，因此，在编辑其他样条线（如圆形、矩形、多边形等）时需要为其添加"编辑样条线"修改器，或者将其转换为"可编辑样条线"对象，然后进入子对象层级进行编辑。

例如，创建一个矩形，在修改器列表中选择"编辑样条线"选项，在修改器堆栈中将其展开，如图 5-38 所示，或者展开"选择"卷展栏，即可进入子对象层级编辑对象。

也可以选择矩形，右击并在弹出的快捷菜单中选择"转换为"/"转换为可编辑样条线"命令，将矩形转换为"可编辑样条线"对象，即可进入子对象层级进行编辑，如图 5-39 所示。

图 5-38 添加"编辑样条线"修改器

图 5-39 将矩形转换为"可编辑样条线"对象

编辑其他样条线的方法与编辑"线"的方法完全相同，在此不再赘述，读者可以自己尝试操作。需要注意的是，将其他样条线转换为"可编辑样条线"对象后，对象自身的参数不再存在，不方便修改对象参数，而为对象添加"编辑样条线"修改器后，对象本身的参数还存在，方便修改对象的参数，读者可以根据具体情况自行决定采用哪种方式。

5.3 样条线建模

通过对样条线设置"渲染"可以创建简单三维模型，而通过添加修改器，可以创建复杂三维模型，本节讲解样条线建模的相关知识。

5.3.1 "车削"修改器建模——传承国粹之"大瓷碗"

瓷器是我国的伟大发明之一，瓷器烧制技艺延续至今，为人们的生活带来了很多便利。本节就使用样条线并为其添加"车削"修改器，创建如图 5-40 所示的大瓷碗三维模型，讲解使用"车削"修改器建模的方法。

图 5-40 大瓷碗三维模型

课堂讲解——使用"车削"修改器创建大瓷碗三维模型

"车削"修改器将样条线沿轴旋转生成三维模型,其"参数"卷展栏如图 5-41 所示。

"度数"用于设置旋转角度;"分段"用于设置曲面上的分段数,值越大模型越平滑,反之越不平滑;在"方向"选项组中选择旋转轴;在"对齐"选项组中选择对齐方式;如果勾选"焊接内核"复选框,则焊接旋转轴的顶点来简化网格;如果旋转产生内部外翻,则勾选"翻转法线"复选框来修正。下面创建大瓷碗三维模型。

(1)在前视图中使用"线"绘制大瓷碗的外轮廓,进入"顶点"层级调整轮廓线使其更圆滑,如图 5-42 所示。

(2)进入"样条线"层级,设置"轮廓"为 1,然后进入"顶点"层级,选择底部轮廓线上的 3 个顶点将其删除,并再次对外轮廓进行调整,效果如图 5-43 所示。

(3)在修改器列表中选择"车削"修改器,单击 最小 按钮,并设置"分段"为 100,其他参数采用默认设置,完成大瓷碗三维模型的创建。

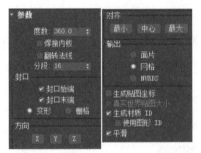

图 5-41 "车削"修改器的"参数"卷展栏

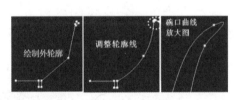

图 5-42 绘制外轮廓

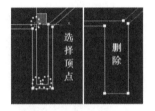

图 5-43 删除顶点

课堂练习——创建白釉大磁盘模型

读者自己尝试使用"车削"修改器创建如图 5-44 所示的白釉大磁盘模型。

图 5-44 白釉大磁盘模型

5.3.2 "挤出"修改器建模——创建室内吊顶模型

吊顶是室内设计中常见的装饰构件,本节使用"挤出"修改器创建如图 5-45 所示的室内吊顶模型,讲解使用"挤出"修改器建模的相关知识。

使用"挤出"修改器对闭合样条线进行挤出生成的是三维模型,对非闭合样条线进行挤出生成的是面片。"挤出"修改器的"参数"卷展栏如图 5-46 所示。

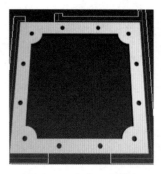

图 5-45　室内吊顶模型

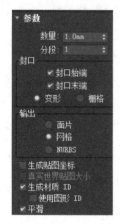

图 5-46　"挤出"修改器的"参数"卷展栏

"数量"用于设置挤出的深度；"分段"用于设置挤出的分段数；勾选"封口始端"和"封口末端"复选框，挤出对象被封口。下面使用"挤出"修改器创建室内吊顶模型。

课堂讲解——使用"挤出"修改器创建室内吊顶模型

（1）导入"素材"/"建筑墙体平面图.dwg"文件，启用捕捉功能，捕捉左上角客厅平面图的角点绘制矩形，将其转换为"可编辑样条线"对象，并命名为"吊顶"。

（2）将"吊顶"以"复制"方式克隆为"吊顶01"和"吊顶02"，通过"缩放变换输入"对话框将"吊顶01"缩至90%，将"吊顶02"缩至80%，效果如图5-47所示。

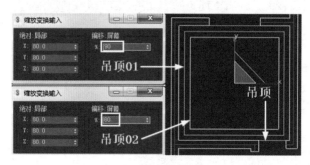

图 5-47　创建、复制与缩放矩形

（3）选择"吊顶01"，进入"线段"层级，选择4条边，使用"拆分"功能在4条边上分别添加2个点，然后以添加的点为圆心，在各条边上分别绘制半径为60mm的2个圆形，如图5-48所示。

（4）将"吊顶01"删除，以"吊顶02"的4个角为圆心，分别绘制半径为300mm和60mm的4个圆形，如图5-49所示。

（5）将"吊顶"、"吊顶02"及所有圆形全部附加，进入"样条线"层级，选择"吊顶02"，设置布尔运算方式为"差集"，然后分别单击"半径"为300mm的4个圆形进行"差集"布尔运算，制作出吊顶内部的4个圆角效果，如图5-50所示。

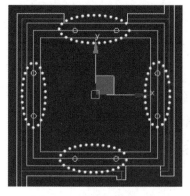

图 5-48 绘制圆形（1）

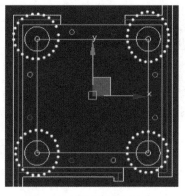

图 5-49 绘制圆形（2）

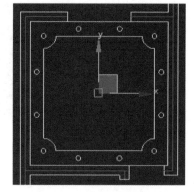

图 5-50 "差集"布尔运算

（6）为创建圆角后的对象添加"挤出"修改器，设置"数量"为150mm，"分段"为1，其他参数采用默认设置，完成室内吊顶模型的创建。

课堂练习——快速创建建筑墙体模型

导入"素材"/"建筑墙体平面图.dwg"文件，对墙体平面图的各个顶点进行焊接，添加"挤出"修改器，设置"数量"为3000mm，创建建筑墙体模型，效果如图5-51所示。

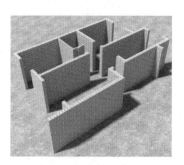

图 5-51 建筑墙体模型效果

5.3.3 "倒角"修改器建模——创建"中国梦"三维文字效果

本节使用"倒角"修改器结合文字功能创建如图5-52所示的"中国梦"三维文字效果，讲解使用"倒角"修改器建模的相关知识。

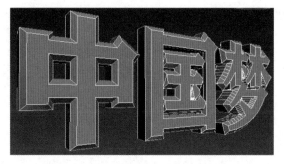

图 5-52 "中国梦"三维文字效果

"倒角"修改器分3个层次将样条线挤出，并在边缘应用平或圆倒角，有"参数"与"倒角值"两个卷展栏，如图5-53所示。

在"参数"卷展栏中设置封口形式以及曲面的侧面类型，有"线性侧面"与"曲线侧面"两种类型，选择"线性侧面"类型，级别之间会沿着一条直线进行分段插补；选择"曲线侧面"类型，级别之间会沿着一条 Bezier 曲线进行分段插补，如图5-54所示。

图 5-53　"倒角"修改器的"参数"和"倒角值"卷展栏

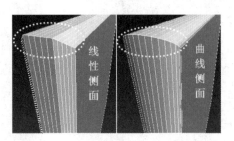

图 5-54　"线性侧面"与"曲线侧面"

在"倒角值"卷展栏中设置各级别的"高度"及"轮廓"参数。下面使用"倒角"修改器创建"中国梦"三维文字效果。

课堂讲解——使用"倒角"修改器创建"中国梦"三维文字效果

（1）在前视图中创建"字体"为"宋体"、"大小"为 100mm、内容为"中国梦"的文字。

（2）为其添加"倒角"修改器，选择"线性侧面"类型，勾选"避免线相交"复选框，并设置"分离"为 2mm。

（3）设置"级别 1"的"高度"为 5mm、"轮廓"为 3mm，此时出现第 1 个倒角效果；勾选"级别 2"复选框，设置"高度"为 20mm、"轮廓"为 0mm，此时出现第 2 个倒角效果；勾选"级别 3"复选框，设置"高度"为 5mm、"轮廓"为-3mm，此时出现第 3 个倒角效果；完成三维文字效果的创建。

小贴士：

在进行"倒角"操作时，可能会出现线相互交叉的情况，此时勾选"避免线相交"复选框，并设置"分离"值即可解决该问题。

图 5-55　实木窗框模型

课堂练习——创建实木窗框模型

实木窗是室内设计中常见的建筑构件，实木窗框中的倒角效果对大多数读者来说是制作难点，而使用"倒角"修改器可以轻松解决这一难点。下面根据前面章节所学知识，自己尝试创建如图 5-55 所示的实木窗框模型。

5.3.4　"倒角剖面"修改器建模——创建塑钢窗模型

塑钢窗模型是室内设计中常见的模型，在制作塑钢窗模型时，窗框与窗扇之间的卡槽结构不太好实现。本节使用"倒角剖面"修改器来制作如图 5-56 所示的塑钢窗模型，讲解使用"倒角剖面"修改器建模的相关知识。

"倒角剖面"修改器与放样有些相似，通过将一条剖面样条线沿另一条路径样条线进行延伸来生成三维模型，其创建方式有"经典"和"改进"两种。下面我们采用"经典"方式来创建塑钢窗模型，看看"倒角剖面"修改器是如何显示窗框与窗扇之间的卡槽结构的。

图5-56 塑钢窗模型

课堂讲解——使用"倒角剖面"修改器创建塑钢窗模型

首先创建塑钢窗模型的外框，塑钢窗模型外框的内凹槽呈"山"字形，方便安装内框，因此首先需要制作出外框效果。

（1）在顶视图中分别创建"长度"为50mm、"宽度"为100mm，"长度"为50mm、"宽度"为60mm，"长度"为50mm、"宽度"为20mm的3个矩形，通过"附加""修剪"或"布尔运算"操作，创建截面图形，如图5-57所示。

（2）在前视图中创建"长度"为1200mm、"宽度"为1500mm的矩形作为路径，然后选择"倒角剖面"修改器，在"参数"卷展栏中勾选"经典"复选框，在"经典"卷展栏中单击 拾取剖面 按钮，单击在顶视图中创建的截面图形，创建塑钢窗模型的外框，效果如图5-58所示。

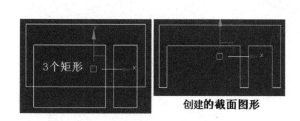

图5-57 创建截面图形

图5-58 创建外框

小贴士：

在进行"倒角剖面"操作时，有时会出现模型反转的情况，这时只需要进入截面图形的"样条线"层级，对截面图形进行旋转即可。

下面创建内框，首先创建内框的截面图形。

（3）在顶视图中分别创建"长度"为65mm、"宽度"为45mm的两个矩形，对下方两个角进行切角，将其与外框截面图形并排，从而确定内框截面图形是否与外框截面图形相匹配，如图5-59所示。

（4）将外框截面图形以"复制"方式复制两个，将其向下移动与两个内框截面图形相交，并通过"附加"与"布尔减运算"操作创建出两个内框截面图形，效果如图5-60所示。

（5）在前视图中分别创建"长度"为1250mm、"宽度"为760mm的两个矩形作为路径，为其分别添加"倒角剖面"修改器，拾取创建的截面图形来创建内框，效果如图5-61所示。

（6）沿两个内框大小创建两个矩形，为其添加"挤出"修改器，设置"数量"为 5mm，以创建玻璃。

（7）复制其中一个内框，在顶视图中将其调整到外框的外侧，使其内卡槽与窗户外框的边相嵌套来作为纱窗模型，然后沿该内框创建一个平面，设置"长度分段"为 90、"宽度分段"为 60，如图 5-62 所示。

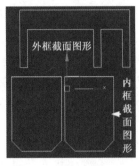

图 5-59　创建内框截面图形

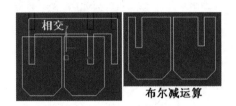

图 5-60　编辑内框截面图形

图 5-61　创建内框

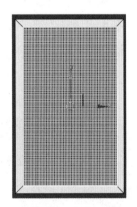

图 5-62　制作纱窗

（8）右击并在弹出的快捷菜单中选择"转换为"/"转换为可编辑多边形"命令，按 2 键进入"边"层级，全选所有边，右击并在弹出的快捷菜单中选择"创建图形"命令，在打开的"创建图形"对话框中选中"线性"单选按钮，单击"确定"按钮创建图形。

（9）按 2 键退出"边"层级，按 Delete 键删除平面，这样就得到了一个纱网，在"渲染"卷展栏中勾选"在渲染中启用"和"在视口中启用"两个复选框，并设置"径向"的"厚度"为 1mm，完成纱网的制作。

（10）将纱网与纱窗移动到窗户中间，完成塑钢窗模型的创建。

综合实训——创建壁灯模型

在本综合实训中，将学习样条线建模中"车削"修改器与样条线的"渲染"设置等相关建模方法与技巧。壁灯模型效果如图 5-63 所示。

图 5-63　壁灯模型效果

详细操作步骤见配套教学资源中的视频讲解。

创建壁灯模型的练习评价

综合实训任务	检 查 点	完 成 情 况	出现的问题及解决措施
创建壁灯模型	"车削"修改器的应用	□完成　□未完成	
	"倒角"修改器的应用	□完成　□未完成	
	"倒角剖面"修改器的应用	□完成　□未完成	

综合实训——创建吊灯模型

在本综合实训中，将学习样条线的编辑、"车削"修改器、"阵列"命令及旋转复制等知识点，为后续深入学习三维建模奠定基础。吊灯模型效果如图 5-64 所示。

图 5-64　吊灯模型效果

详细操作步骤见配套教学资源中的视频讲解。

创建吊灯模型的练习评价

综合实训任务	检 查 点	完 成 情 况	出现的问题及解决措施
创建吊灯模型	样条线的编辑	□完成　□未完成	
	"车削"修改器的应用	□完成　□未完成	
	"阵列"命令的应用	□完成　□未完成	
	旋转复制的应用	□完成　□未完成	

知识巩固与能力拓展

1. 单选题

01. 进入"顶点"层级的快捷键是（　　）。

    A. 1　　　　　B. Ctrl+1　　　　　C. Alt+1　　　　　D. Ctrl+Alt+1

02. 下面可直接对样条线进行编辑建模的修改器是（　　）。

    A. 挤出　　　　B. 弯曲　　　　　C. 锥化　　　　　D. 扭曲

03. 进入"样条线"层级的快捷键是（　　）。

    A. 1　　　　　B. 2　　　　　　C. 3　　　　　　D. Ctrl+3

04. 下面属于"可编辑样条线"对象的是（　　）。

    A. 矩形　　　　B. 线　　　　　　C. 椭圆形　　　　D. 多边形

2. 多选题

01. 下面可以在线上添加顶点的方式有（　　）。

    A. 插入　　　　B. 优化　　　　　C. 拆分　　　　　D. 断开

02. 下面属于样条线修改器的是（　　）。

    A. 倒角　　　　B. 弯曲　　　　　C. 倒角剖面　　　D. 挤出

03. "顶点"的类型除了 Bezier，还有（　　）。

    A. 角点　　　　B. 平滑　　　　　C. Bezier 角点　　D. 平滑+角点

04. 除"线"外，其他样条线在编辑时需要（　　）。

    A. 转换为"可编辑样条线"　　　　B. 添加"编辑样条线"修改器

    C. 添加"挤出"修改器　　　　　　D. 添加"车削"修改器

3. 实践操作题

创建如图 5-65 所示的阳台金属护栏模型。

图 5-65　阳台金属护栏模型

操作提示：

　　首先创建矩形将其转换为"可编辑样条线"对象，编辑出金属护栏的 U 型图形，然后设置"渲染"参数，制作出护栏的 U 型三维模型，向下复制两个该模型将其作为下方护栏的支撑，接着绘制垂直线并设置"渲染"参数，制作出金属柱，最后使用"间隔工具"命令将该金属柱以 U 型护栏为路径进行复制排列，制作出护栏的竖杆，完成阳台金属护栏模型的创建。

三维设计提高——多边形、放样与复合对象建模

第 6 章

⬇ 工作任务分析

本任务主要学习多边形、放样及复合对象建模的相关知识，培养学生良好的职业意识和职业素养。

⬇ 知识学习目标

● 熟悉编辑多边形子对象的方法。
● 掌握多边形建模的技巧。
● 了解放样的操作流程及放样建模的技巧。
● 掌握复合对象建模的技巧。

⬇ 技能实践目标

● 能够熟练掌握多边形建模的技能。
● 能够掌握通过放样创建三维模型的技能。
● 能够掌握复合对象建模的技能。

多边形、放样及复合对象建模是 3 种功能强大的建模方式，常用来创建造型更为复杂的三维模型，是 3ds Max 三维设计中不可忽视的建模技巧。

6.1 多边形建模

在 3ds Max 系统中，多边形的功能强大、操作简单，是创建更为复杂的三维模型不可或缺的建模工具，本节讲解多边形建模的相关知识。

6.1.1 了解多边形建模的基本方法

多边形建模有两种方式：一种是为对象添加"编辑多边形"修改器；另一种是将对象转换为"可编辑多边形"对象。这两种方式的操作结果完全相同，但对模型的影响不同，本节讲解多边形建模的基本方法。

课堂讲解——了解多边形建模的基本方法

（1）创建长方体 01 和长方体 02 对象，为长方体 01 对象添加"编辑多边形"修改器，然后右击长方体 02 对象，在弹出的快捷菜单中选择"转换为"/"转换为可编辑多边形"命令将其转换为"可编辑多边形"对象。

（2）选择长方体 01 对象，在修改器堆栈中展开"编辑多边形"层级，会显示"顶点""边""边界""多边形""元素"5 个子对象。

（3）选择长方体 02 对象，在修改器堆栈中展开"可编辑多边形"层级，同样显示"顶点""边""边界""多边形""元素"5 个子对象，如图 6-1 所示。

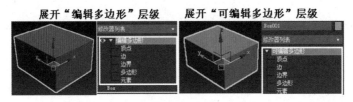

图 6-1　添加修改器与转换对象

🗒️ **小贴士：**

> 在修改器堆栈中单击各子对象即可进入子对象层级，也可以展开"选择"卷展栏，分别单击 🔳 "顶点"、◁ "边"、▣ "边界"、▢ "多边形"及 ◈ "元素"按钮或者按 1 键、2 键、3 键、4 键和 5 键进入各子对象层级。

由此可见，这两种方式的结果是一样的，说明其操作方法也是相同的，但是我们发现，添加了"编辑多边形"修改器的长方体 01 对象，在其修改器堆栈中还显示 Box 层级，进入该层级，可以修改对象的原始参数，而转换为"可编辑多边形"的长方体 02 对象的修改器堆栈中并没有 Box 层级，我们已经无法再修改该对象的原始参数，因此，在具体的应用中，用户一定要根据具体情况来选择。

6.1.2　编辑"顶点"子对象建模

"顶点"是多边形对象中用于连接"边"的点，通过编辑"顶点"会影响多边形对象的边和面，本节讲解编辑"顶点"子对象建模的相关知识。

课堂讲解——编辑"顶点"子对象建模

（1）继续 6.1.1 节案例的操作，选择长方体 01 对象，按 1 键进入"顶点"层级，选择长方体 01 对象一个角的顶点，在"编辑顶点"卷展栏中显示顶点的编辑按钮，如图 6-2 所示。

（2）单击　移除　按钮，该顶点被移除，表面保持完整。

（3）按 Delete 键删除该顶点，会出现破面。

（4）单击　断开　按钮，断开顶点。

（5）单击 挤出 按钮，在顶点上拖曳鼠标，顶点沿法线挤出新的多边形。

（6）选择断开的顶点，单击 焊接 按钮，在公差范围之内焊接顶点。

（7）单击 切角 按钮，在顶点上拖曳鼠标，以顶点为基准扩展出多边形面，效果如图 6-3 所示。

图 6-2 "编辑顶点"卷展栏

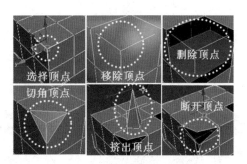

图 6-3 编辑顶点的效果

6.1.3 课堂实训——创建软包靠垫模型

靠垫是在居室内使用的织物制品，用来调节人体与座位、床位的接触点，从而使人体获得更舒适的角度来减轻疲劳。靠垫使用方便、灵活，适用于多种场合，深受人们的喜爱。

下面我们通过编辑多边形对象的"顶点"子对象来创建如图 6-4 所示的软包靠垫模型，讲解"顶点"子对象在实际建模中的编辑方法和技巧。

操作步骤

（1）在透视图中创建"长度""宽度"均为 600mm，"高度"为 200mm，"长度分段""宽度分段"均为 2，"高度分段"为 1 的长方体对象，将其转换为"可编辑多边形"对象。

（2）进入"顶点"层级，以"窗口"方式选择中间位置的顶点，单击 挤出 按钮右侧的 ■ "设置"按钮，设置"高度"为-100mm、"宽度"为 150mm，如图 6-5 所示。

（3）单击 ✓ "确定"按钮进行确认，然后单击主工具栏中的 按钮启用捕捉功能，单击"编辑几何体"卷展栏中的 切割 按钮，配合捕捉功能，分别捕捉对角点及中点，对上、下两个面进行切割以创建线，如图 6-6 所示。

图 6-4 软包靠垫模型

图 6-5 挤出顶点

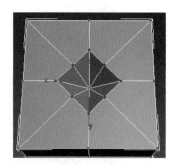

图 6-6 切割

（4）进入"边"层级，系统自动选择切割形成的边（如果没有选择边，则可以双击将其选择），单击"编辑边"卷展栏中 挤出 按钮右侧的 □ "设置"按钮，设置挤出的"高度"为-50mm、"宽度"为5mm，然后单击 ✓ "确定"按钮进行确认，如图6-7所示。

（5）进入"顶点"层级，在"选择"卷展栏中勾选"忽略背面"复选框，以"窗口"方式分别选择正面和反面软包中间的所有顶点，右击并在弹出的快捷菜单中选择"塌陷"命令将其塌陷为一个点，如图6-8所示。

（6）退出"顶点"层级，选择"涡轮平滑"修改器，设置"迭代次数"为2，对软包靠垫进行平滑处理，在顶视图软包中间创建"半径"为50mm的球体，在前视图中将其调整到软包中间，完成软包靠垫模型的创建，如图6-9所示。

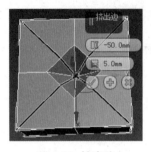

图 6-7　挤出边

图 6-8　塌陷点

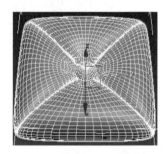

图 6-9　平滑处理与创建球体

6.1.4　编辑"边"子对象建模

在多边形对象中，"边"是两个"顶点"的连线，也是"面"的边界，编辑"边"的方法与编辑"顶点"的方法类似。本节讲解编辑"边"子对象建模的相关知识。

课堂讲解——编辑"边"子对象建模

（1）继续6.1.2节案例的操作。按2键进入"边"层级，选择边，展开"编辑边"卷展栏，如图6-10所示。

（2）单击 移除 按钮，移除边，面保持不变。

（3）单击 挤出 按钮，在边上拖曳鼠标，边沿法线创建出新的多边形，形成挤出的面。

（4）单击 插入顶点 按钮，在边上单击插入顶点。

（5）单击 切角 按钮，在边上拖曳鼠标，以边为基准扩展出两条边，形成多边形面。

（6）选择两条平行边，单击 连接 按钮，使用边连接两条边，效果如图6-11所示。

图 6-10　"编辑边"卷展栏

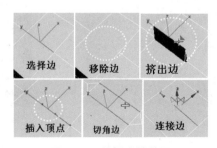

图 6-11　编辑边的效果

（7）选择一条边，按 Delete 键将其删除，则出现破面，选择破面的两条对边，单击 桥 按钮，两条边之间形成面，如图 6-12 所示。

（8）选择多条边，单击 利用所选内容创建图形 按钮，打开"创建图形"对话框，命名并选择图形类型，单击 确定 按钮，将选择的边创建为平滑或线性图形，如图 6-13 所示。

图 6-12　删除与桥接

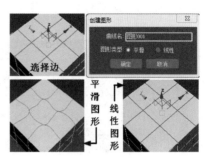

图 6-13　创建图形

6.1.5　课堂实训——竹编工艺灯罩

竹编是中华民族精湛制造工艺水平的体现与智慧的结晶，其工艺早已享誉海内外，目前，竹编工艺已成为国家级非物质文化遗产。本节我们就来通过编辑多边形对象的"边"子对象，制作竹编工艺灯罩，效果如图 6-14 所示。

操作步骤

（1）创建"半径"为 150mm、"分段"为 25 的球体，将其转换为"可编辑多边形"对象，并命名为"竹编灯罩"。

（2）进入"顶点"层级，在前视图中选择上面的顶点，在"软选择"卷展栏中勾选"使用软选择"与"影响背面"两个复选框，并设置"衰减"为 110mm、"收缩"为-1.7，然后沿 Y 轴向下拖动被选中的顶点，使顶部形成一个凹陷效果，如图 6-15 所示。

（3）取消勾选"使用软选择"复选框，进入"边"层级，双击顶点下面的第 2 圈边，按 Delete 键将其删除，效果如图 6-16 所示。

图 6-14　竹编工艺灯罩

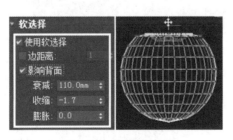

图 6-15　软选择效果

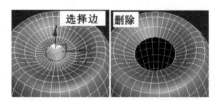

图 6-16　利用软选择创建的灯罩

（4）使用相同的方法，选择球体下面的顶点，使用与上面步骤相同的"软选择"参数沿 Y 轴向上拖动被选中的顶点，使底部也形成一个凹陷效果，并选择第 2 圈边将其删除，完成"竹编灯罩"基本模型的创建。

（5）将"竹编灯罩"模型以"复制"方式克隆为"竹编灯罩 01"模型并将其隐藏，选择"竹编灯罩"模型，在"程序"卷展栏中单击"边方向"按钮，改变边的方向，效果如图 6-17 所示。

（6）进入"边界"层级，在透视图中选择顶部的边界，按住 Shift 键并将其沿 Z 轴向上移动复制，如图 6-18 所示。

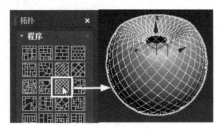

图 6-17　拓扑效果

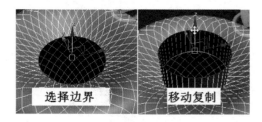

图 6-18　复制边界

（7）使用相同的方法将底部的边界向下移动复制，然后进入"边"层级，双击灯罩上的任意一条边将其选择，右击并在弹出的快捷菜单中选择"切角"命令，设置"宽度"为 3mm，其他参数采用默认设置，如图 6-19 所示。

（8）单击 ✓ "确定"按钮进行确认，进入"多边形"层级，将切角形成的多边形全部选择，执行"编辑" / "反选"命令，按 Delete 键将其余部分删除，只保留切角形成的多边形，如图 6-20 所示。

（9）将该对象以"复制"方式镜像复制一个，使其与原对象呈交叉状，然后设置"角度捕捉"为 10°，在透视图中分别将这两个对象沿 Z 轴以"实例"方式各旋转克隆 35 个，使其形成一个结构交叉的球形对象，效果如图 6-21 所示。

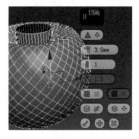

图 6-19　切角边

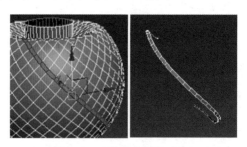

图 6-20　选择并删除对象

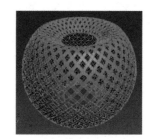

图 6-21　旋转克隆

（10）分别为两个对象添加"壳"修改器，设置一个对象的"内部量"与"外部量"均为 0.15mm，另一个对象的"内部量"与"外部量"均为 0.05mm，分别为两个对象添加"涡轮平滑"修改器，设置"迭代次数"为 1，形成穿插与切角效果，如图 6-22 所示。

（11）显示被隐藏的"竹编灯罩 01"模型，进入"多边形"层级，在前视图中以"交叉"方式选择灯罩上、下两端的多边形面，按 Delete 键将其删除，效果如图 6-23 所示。

（12）退出"多边形"层级，为"竹编灯罩 01"模型添加"壳"修改器，设置"内部量"与"外部量"均为 2mm，完成竹编工艺灯罩的创建。

图 6-22　穿插与切角效果

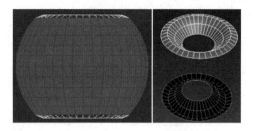

图 6-23　删除多边形面

6.1.6　编辑"边界"子对象建模

"边界"是多边形的线性部分，通常可以描述为孔洞的边缘。它通常是多边形仅位于一面时的边序列。例如，删除一个顶点或一条边，则该顶点或边相邻的一行边会出现孔洞，形成边界，如图 6-24 所示。

图 6-24　删除顶点形成边界

本节讲解编辑"边界"子对象建模的相关知识。

课堂讲解——编辑"边界"子对象建模

（1）按 3 键进入"边界"层级，展开"编辑边界"卷展栏，如图 6-25 所示。

（2）选择边界，单击 封口 按钮，对边界进行封口，形成新的面。

（3）另外，可以对边界进行"切角""挤出"等操作，其方法与编辑边的方法相同，效果如图 6-26 所示。

图 6-25　"编辑边界"卷展栏

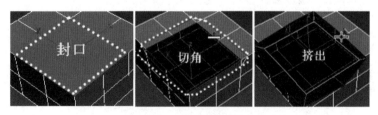

图 6-26　编辑边界的效果

6.1.7　编辑"多边形"子对象建模

"多边形"是由"边界"围成的区域，按 4 键进入"多边形"层级，单击多边形面，展开

"编辑多边形"卷展栏进行编辑，如图6-27所示。

本节讲解编辑"多边形"子对象建模的相关知识。

课堂讲解——编辑"多边形"子对象建模

（1）单击 挤出 按钮，在多边形面上拖曳鼠标，沿法线挤出另一个多边形。

（2）单击 插入 按钮，在多边形面上拖曳鼠标，插入一个边界，形成另一个多边形。

（3）单击 倒角 按钮，在多边形面上拖曳鼠标并移动光标，沿法线挤出另一个倒角多边形，效果如图6-28所示。

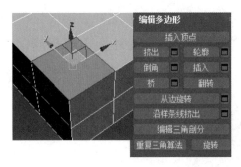

图6-27 "编辑多边形"卷展栏

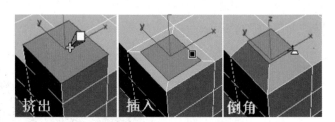

图6-28 编辑多边形的效果

📋**小贴士：**

在编辑"多边形"子对象时，单击各按钮后面的 ▢ "设置"按钮打开设置工具条，可以设置各编辑参数，使编辑效果更丰富。另外，网格对象与多边形对象非常相似，其编辑方法也完全相同，只是网格对象是三边面，而多边形对象是四边面，这就相当于球体与几何球体的区别。在游戏建模中，使用多边形对象创建的游戏角色都是四边面，而游戏引擎只支持三边面，因此将其导入游戏引擎后，系统会自动将四边面转换为三边面。

6.1.8 课堂实训——创新设计之"球形沙发"

本节我们通过编辑"多边形"子对象，并使用球体来创建如图6-29所示的"球形沙发"，讲解编辑"多边形"子对象建模的相关知识。

操作步骤

（1）创建"半径"为300mm、"分段"为30、"半球"为0.5的球体，按F键进入前视图，将球体沿Y轴进行镜像。

（2）将球体转换为多边形，按4键进入"多边形"层级，在前视图中以"窗口"方式选择半球的多边形面。

（3）在透视图中右击并在弹出的快捷菜单中选择"插入"命令，将选择的多边形面以"组"的方式插入20mm，然后单击"确定"按钮进行确认，如图6-30所示。

（4）按住Ctrl键并单击半球面边缘一半的多边形，右击并在弹出的快捷菜单中选择"挤出"命令，以"组"的方式将其挤出 200mm，然后单击"确定"按钮，挤出沙发的靠背，如图 6-31 所示。

图 6-29　球形沙发

图 6-30　插入多边形面

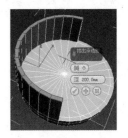

图 6-31　选择并挤出多边形

（5）在前视图中以"窗口"方式选择球体下面的多边形，按 Delete 键将其删除，如图 6-32 所示。

（6）按住 Ctrl 键并依次单击沙发靠背内部及沙发面的多边形，右击并在弹出的快捷菜单中选择"倒角"命令，以"局部法线"的方式将其挤出，设置"高度"为 50mm，"轮廓"为-10mm，然后单击"确定"按钮进行确认，如图 6-33 所示。

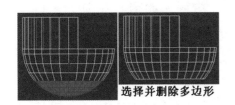

图 6-32　选择并删除多边形

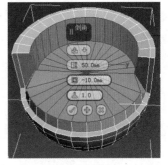

图 6-33　倒角多边形

（7）继续按住 Ctrl 键并依次单击倒角生成的多边形，在"多边形：材质 ID"卷展栏中设置 ID 为 1，执行"编辑"/"反选"命令选择其他多边形，设置 ID 为 2，如图 6-34 所示。

（8）进入"边"层级，按住 Ctrl 键并选择沙发靠背上的竖边及靠背和面外围的一圈边，右击并在弹出的快捷菜单中选择"挤出"命令，设置"高度"为-5mm、"宽度"为 1mm，然后单击"确定"按钮进行确认，如图 6-35 所示。

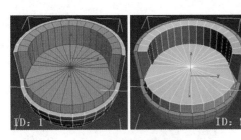

图 6-34　设置材质 ID

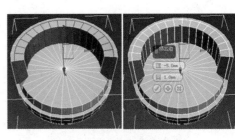

图 6-35　选择并挤出边

（9）选择"涡轮平滑"修改器，设置"迭代次数"为 2，完成"球形沙发"的创建。

6.2 放样建模

本节讲解放样建模的相关知识。

6.2.1 了解放样建模的基本操作

"放样"是将一个或多个样条线对象（即截面图形）沿另一个样条线对象（即路径）挤出生成三维模型的操作。

课堂讲解——了解放样建模中的"截面图形"与"路径"

创建一个放样对象，至少需要两个样条线对象，这些样条线对象可以是闭合的，也可以是非闭合的，其中一个对象作为路径，路径的长度决定了放样物体的深度，其他对象可以作为截面图形，截面图形用于定义放样物体的截面或横断面造型。

"放样"允许在"路径"的不同点上排列不同的"截面图形"，从而生成三维模型，因此，在放样对象中，"路径"只能有一条，而"截面图形"可以有一个，也可以有多个，这就使得放样方法分为"单截面图形"放样和"多截面图形"放样。如图 6-36 所示，图 a 是只有一个"截面图形"的放样效果，而图 b 是有两个"截面图形"的放样效果。

6.2.2 "单截面图形"放样

在进行"单截面图形"放样操作时，只需要一个"截面图形"和一条路径即可，这种操作类似于使用"倒角剖面"修改器建模，"截面图形"沿"路径"100%延伸来创建三维模型。本节讲解"单截面图形"放样的相关知识。

课堂讲解——"单截面图形"放样

（1）绘制一个星形作为"截面图形"，绘制一段圆弧作为"路径"。

（2）选择圆弧"路径"，首先在 ⬤ "几何体"下拉列表中选择"复合对象"选项，然后在"对象类型"卷展栏中单击 放样 按钮，接着在"创建方法"卷展栏中单击 获取图形 按钮，最后拾取星形"截面图形"，完成"单截面图形"放样操作，如图 6-37 所示。

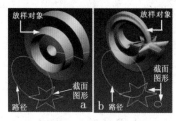

图6-36 放样

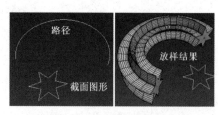

图6-37 "单截面图形"放样

6.2.3 "多截面图形"放样

在进行"多截面图形"放样操作时，在"路径"值为0~100的位置上设置多个"截面图形"来创建三维效果，因此，在进行"多截面图形"放样操作时只能单击 获取图形 按钮，然后在"路径"的不同位置获取"截面图形"。本节讲解"多截面图形"放样的相关知识。

课堂讲解——"多截面图形"放样

创建星形、圆形和矩形作为"截面图形"，创建圆弧作为"路径"。

在"路径"值为0的位置放样星形，在50的位置放样圆形，在100的位置放样矩形，创建一个放样对象，具体操作如下。

（1）选择圆弧"路径"，单击 放样 按钮，并在"创建方法"卷展栏中单击 获取图形 按钮，拾取星形"截面图形"进行放样。

（2）在"路径参数"卷展栏中设置"路径"值为50，再次单击 获取图形 按钮，拾取圆形"截面图形"进行放样。

（3）继续在"路径参数"卷展栏中设置"路径"值为100，再次单击 获取图形 按钮，拾取矩形"截面图形"进行放样，效果如图6-38所示。

图 6-38　"多截面图形"放样

6.2.4 课堂实训——顽强不屈的"柱子"

在建筑物中，柱子具有支撑梁、板、顶的功能，是建筑物中非常重要的建筑构件。在生活中，柱子可寓意独当一面、承受压力、顽强不屈。本节我们就来制作如图6-39所示的柱模型，讲解"多截面图形"放样建模的方法和技巧。

操作步骤

（1）在顶视图中创建"半径"为150mm的圆形，"长度"与"宽度"均为300mm的矩形，以及"半径1"为150mm、"半径2"为120mm、"点"为15、"圆角半径1"为25mm的星形，在前视图中创建"长度"为2000mm的矩形作为参照，并创建长度为2000mm的直线。

（2）选择直线，执行"放样"命令，单击 获取图形 按钮，拾取矩形进行放样。

（3）在"路径参数"卷展栏中设置"路径"值为10，再次单击 获取图形 按钮，拾取矩形。

（4）继续在"路径参数"卷展栏中设置"路径"值为10.01，单击 获取图形 按钮，拾取圆形。

（5）使用相同的方法，在"路径"值为 15.01 时拾取圆形；在"路径"值为 15.02 时拾取星形；在"路径"值为 84.98 时拾取星形；在"路径"值为 84.99 时拾取圆形；在"路径"值为 89.99 时拾取圆形；在"路径"值为 90 时拾取矩形，这样就完成了柱模型的创建，主要创建流程如图 6-40 所示。

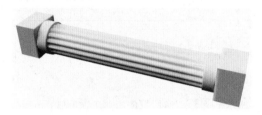

图 6-39　柱模型

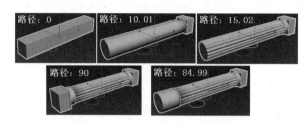

图 6-40　柱模型的主要创建流程

📋 小贴士：

在放样操作完成后，如果感觉模型不是很平滑，则可以展开"蒙皮参数"卷展栏，增加"图形步数"与"路径步数"参数的值，使模型更平滑。

6.2.5　修改放样对象

在创建放样对象时，最好采用"实例"方式，这样就可以直接通过修改"路径"和"截面图形"来修改放样对象，也可以在修改器堆栈中展开 Loft 对象，分别进入"图形"和"路径"层级，修改"路径"和"截面图形"的参数，从而修改放样对象。本节讲解修改放样对象的方法和技巧。

课堂讲解——修改放样对象

（1）创建矩形和圆形作为截面图形，创建圆弧作为路径，以"实例"方式创建放样对象。

（2）选择矩形并修改"角半径"值，放样对象矩形一端发生变化；选择圆形并修改"半径"值，放样对象圆形一端发生变化；选择圆弧，修改长度，放样对象发生变化，如图 6-41 所示。

（3）选择放样对象，在修改器堆栈中展开 Loft 对象，分别进入"图形"和"路径"层级，修改"路径"和"截面图形"的参数，放样对象发生变化，如图 6-42 所示。

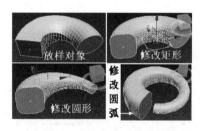

图 6-41　修改放样对象的操作

图 6-42　修改器堆栈

6.2.6 放样对象的变形操作

"变形"是对放样对象的进一步编辑，使放样对象的内容更丰富、效果更好。"变形"包括"缩放"与"扭曲"等操作。本节主要讲解几种常用的变形操作。

课堂讲解——放样对象的变形操作

1. 缩放变形

"缩放"是指通过在放样对象外轮廓上添加并调整点来改变放样对象的外部形态。

（1）绘制圆形和星形作为"截面图形"，绘制一条直线作为"路径"，在"路径步数"为0时放样圆形，在"路径步数"为100时放样星形，创建一个放样对象。

（2）选择放样对象，打开"变形"卷展栏，单击 缩放 按钮打开"缩放变形"对话框，在该对话框中，红色水平线代表放样对象的外轮廓，灰色垂直线代表不同路径步数下各截面图形的放样。

（3）单击 "均衡"按钮锁定 XY 轴，单击 "插入角点"按钮，在灰色垂直线与红色水平线角点位置单击添加一个点，单击 "移动控制点"按钮，选择该点，在下方两个输入框中分别输入 50 和 150 以设置点的位置，右击并在弹出的快捷菜单中选择"bezier-角点"命令，拖动控制柄调整曲线，此时放样对象的形态发生了变化，如图 6-43 所示。

2. 扭曲变形

扭曲变形的操作与缩放变形的操作基本相似，单击 扭曲 按钮打开"扭曲变形"对话框，单击 "插入角点"按钮，在红色水平线上单击添加点确定要扭曲的范围，单击 "移动控制点"按钮调整任意一个端点，则放样对象在该点与端点之间产生扭曲变形。例如，在红色水平线的中间插入一个点，然后向上调整右侧的端点，则放样对象在中间点与右侧端点之间产生扭曲变形，效果如图 6-44 所示。

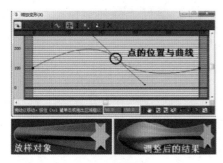

图 6-43 放样对象的缩放变形操作

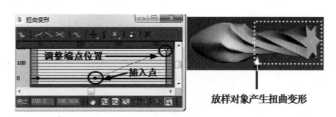

图 6-44 放样对象的扭曲变形操作

🖉 **小贴士：**

在变形操作完成后，关闭"扭曲变形"对话框，在"变形"卷展栏的各变形按钮右侧高亮显示 图标，表示已应用变形效果，单击该图标，图标显示灰色，表示不应用变形效果。另外，单击 [I] "缩放控制点" 按钮，缩放控制点；单击 [图标] "删除控制点" 按钮，删除当前选择的控制点；单击 [X] "重置曲线" 按钮，使曲线恢复到初始状态。

6.2.7 课堂实训——精益求精，臻于至善

作为新时代的学生，在日常的学习和工作中，要发扬"精益求精、臻于至善"的精神，不断地追求卓越和创新，对自身的要求永无止境。

在 6.2.4 节案例的操作中，我们通过放样操作创建了柱模型，该模型比例协调，结构标准，但还可以对其造型进行更精细的调整。本节我们继续通过放样建模中的变形操作，对该模型进行修改，使其造型更加完美，效果如图 6-45 所示。

操作步骤

（1）继续 6.2.4 节案例的操作。选择柱模型，在"变形"卷展栏中单击 [缩放] 按钮打开"缩放变形"对话框，分别在对象两端的矩形放样效果和圆形放样效果位置各添加 4 个顶点。

（2）选择左端第 2 个点和右端第 9 个点，分别设置其 X 轴坐标为 5 和 95，设置 Y 轴坐标均为 150，设置左端点的类型为"bezier-平滑"，右端点的类型为"bezier-角点"，然后调整曲线形态，对柱两端的立方体模型进行缩放变形，效果如图 6-46 所示。

图 6-45 变形后的柱模型效果

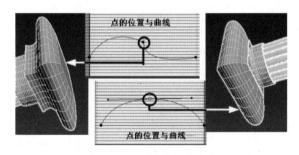

图 6-46 柱两端立方体模型的缩放变形效果

（3）继续选择左端第 4 个点和右端第 7 个点，分别设置其 X 轴为 12.5 和 88.5，设置 Y 轴均为 130，然后设置左端点的类型为"bezier-平滑"，右端点的类型为"bezier-角点"，调整曲线形态，对柱两端的圆柱体模型进行缩放变形，效果如图 6-47 所示。

（4）关闭"缩放变形"对话框，在"变形"卷展栏中单击 [扭曲] 按钮打开"扭曲变形"对话框，在红色水平线上添加一个点，在下方左边输入框中输入 15.02，添加另一个点，在下方左边输入框中输入 84.98，然后选择右侧两个点，在下方右侧输入框中输入 180，使其沿 Y 轴进行扭曲变形，完成柱模型的扭曲变形，效果如图 6-48 所示。

📎 **小贴士：**

在进行扭曲变形时，Y 轴的参数尽量使用 90、180 或 360 这 3 个值，这样可以避免扭曲后模型两端的立方体模型出现不对齐的情况。

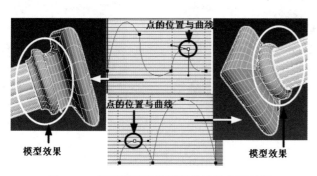

图 6-47　柱两端圆柱体模型的缩放变形效果

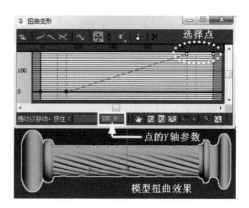

图 6-48　中间星形模型的扭曲变形效果

6.3 复合对象建模

复合对象建模是 3ds Max 三维设计中的另一种建模方法，本节讲解复合对象建模的相关知识。

6.3.1 "图形合并"命令建模——强身健体

身体是革命的本钱！加强体育锻炼，练就一副好身板，才能为国家建设做出更多贡献。本节我们使用"图形合并"命令，结合其他知识创建如图 6-49 所示的保龄球模型，讲解使用"图形合并"命令建模的方法。

使用"图形合并"命令可以将样条线对象投射到三维对象上，生成一个投影线，然后通过对投射线进行编辑来生成三维模型。

操作步骤

（1）在透视图中创建"半径"为 100.75mm 的球体作为保龄球，在前视图球体的前面创建"半径"为 7.3mm 的圆形，将圆形以"复制"方式克隆两个，并使其成三角形排列，间距在 13mm 左右，如图 6-50 所示。

（2）首先将圆形转换为"可编辑样条线"对象，并将其附加，然后选择球体，在"几何体"下拉列表中选择"复合对象"选项，在"对象类型"卷展栏中单击 图形合并 按钮，接着在"拾取运算对象"卷展栏中勾选"移动"复选框，单击 拾取图形 按钮，最后单击圆形使其投射到球体上，效果如图 6-51 所示。

（3）选择"编辑网格"修改器，进入"多边形"层级，选择被投射到球体上的 3 个圆形，在"编辑几何体"卷展栏中单击 倒角 按钮，向下拖曳圆形以向内挤出，创建外小内大的 3 个孔洞，效果如图 6-52 所示。

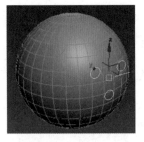

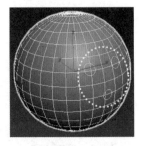

图 6-49　保龄球模型　　　　图 6-50　创建球体与圆形　　　　图 6-51　圆形的投射效果

📋 **小贴士：**

"编辑网格"修改器与"编辑多边形"修改器的操作方法完全相同，但"编辑网格"修改器的基本体是三边面，而"编辑多边形"修改器的基本体是多边形面，从实用角度来讲，"编辑多边形"修改器的功能更强大，操作也更方便。

（4）退出"多边形"层级，完成保龄球的制作，下面继续制作保龄球瓶。

（5）在前视图中创建"长度"为381mm、"宽度"为60.5mm的矩形，将其转换为"可编辑样条线"对象，进入"顶点"层级，添加顶点并设置顶点类型以调整出保龄球瓶的外轮廓，如图6-53所示。

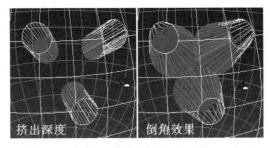

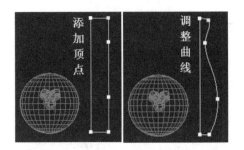

图 6-52　倒角创建孔洞效果　　　　　　图 6-53　调整出保龄球瓶的外轮廓

（6）为样条线对象添加"车削"修改器创建保龄球瓶，将保龄球瓶克隆8个，并移动到保龄球周围，完成保龄球模型的创建。

6.3.2　"地形"命令建模——壮美河山

盆景虽小，但小中见大，同样能体现祖国壮美河山。本节我们使用"地形"命令，结合其他知识创建如图6-54所示的"壮美河山"盆景模型，讲解使用"地形"命令建模的方法。

可以使用等高线来制作山峰等模型，而"等高线"其实指的是地图上地面高程相等的各相邻点所连成的曲线。

操作步骤

（1）在顶视图中绘制多条闭合样条线作为地形的等高线，在前视图中调整各条样条线的高度，使其之间具有一定的高度差，如图6-55所示。

图 6-54 "壮美河山"盆景模型

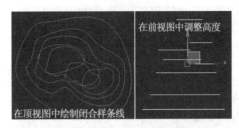

图 6-55 绘制并调整地形的等高线

（2）选择底层的样条线，在"几何体"下拉列表中选择"复合对象"选项，在"对象类型"卷展栏中单击 地形 按钮，在"拾取运算对象"卷展栏中单击 拾取运算对象 按钮，在视图中依次单击各条等高线，这样就生成了地形，如图 6-56 所示。

（3）进入"修改"面板，在修改器堆栈中展开"地形"层级，在"参数"卷展栏中选择运算对象，在视图中调整图形的高度，即可改变地形的高度。

（4）在修改器堆栈中展开"样条线"层级对样条线进行编辑，从而编辑地形的形态，选择"涡轮平滑"修改器对其进行平滑处理，效果如图 6-57 所示。

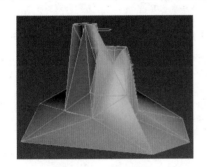

图 6-56 生成的地形

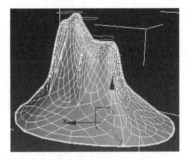

图 6-57 地形的平滑效果

（5）将地形复制、缩放并排列组成高低错落的山峰，应用前面所学二维线建模知识创建圆形托盘，然后合并"素材"/"小船.max"模型到场景中，调整小船的大小与位置，完成"壮美河山"盆景模型的创建。

6.3.3 "一致"命令建模——路在脚下

鲁迅先生说过："其实地上本没有路，走的人多了，也便成了路。"在探索知识领域，只有勇于探索、敢于进取，才能走出一条属于自己的路。本节我们使用"一致"命令，在层峦叠嶂的高山上创建如图 6-58 所示的崎岖的山路，讲解使用"一致"命令建模的方法。

"一致"命令类似于"图形合并"命令，可以将网格对象或多边形对象投影到另一个对象上，使被投影对象表面与投影对象保持一致，从而创建其他三维模型。

操作步骤

（1）继续 6.3.2 节案例的操作，重新对场景中的山峰模型进行调整，创建出另一个不一样的山峰模型，如图 6-59 所示。

图 6-58　崎岖的山路

图 6-59　重叠的山峰模型

（2）在顶视图中以"默认明暗处理"方式显示山峰模型，在山峰模型上方创建"长度"为任意值、"宽度"为 15mm、"宽度分段"为 10 的平面对象，将平面对象转换为多边形对象。

（3）进入"边"层级，双击一端的短边将其选中，根据山路的形态按住 Shift 键将边拖曳到合适位置后释放鼠标进行复制，如图 6-60 所示。

（4）按照相同的方法，沿山势及山路的走向继续复制边。需要注意的是，在山路的转折处，可以先对边进行旋转，使其方向与山路的走向一致，然后继续复制，如图 6-61 所示。

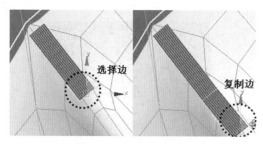

图 6-60　复制平面对象的边

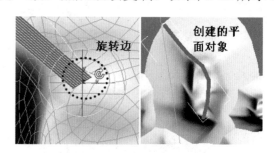

图 6-61　创建的平面对象

（5）选择第一节平面长度方向的边，右击并在弹出的快捷菜单中选择"连接"命令，根据每段的长度设置不同的"分段"数，对长度边进行连接，使其表面形成正方形的多边形面，如图 6-62 所示。

（6）使用相同的方法，在其他平面长度上添加边，使平面对象的每一段都形成正方形的多边形面，这样可使创建的山路相对平滑。

（7）使用相同的方法，在其他山峰上根据山峰走势及山路的形态创建两个平面对象作为另外两条山路，并进行边的连接，效果如图 6-63 所示。

（8）退出"边"层级，在前视图中将创建的山路平面对象沿 Y 轴向上移动到山峰的上方，进入"创建"面板，在"几何体"下拉列表中选择"复合对象"选项，在"对象类型"卷展栏中单击 一致 按钮，在"拾取包裹到对象"卷展栏中单击 拾取包裹对象 按钮，单击山峰模型进行包裹。

（9）在"参数"卷展栏中勾选"沿顶点法线"复选框，继续在"包裹器参数"卷展栏中设置"间隔距离"为 0.01mm，这样平面对象就会紧贴在包裹体上，在"更新"卷展栏中勾选"隐藏包裹对象"复选框，将包裹体隐藏，完成山路的创建。

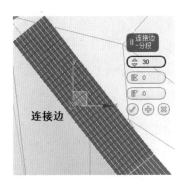

图 6-62　连接边

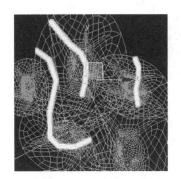

图 6-63　创建其他平面

📋 **小贴士：**

"一致"命令的设置比较简单，操作完成后，可以在修改器堆栈中展开"一致"层级，进入"运算对象"层级，然后在"参数"卷展栏的"对象"列表中选择"包裹器"选项，在修改器堆栈中进入"包裹对象"层级进行修改，在此不再赘述，读者可以自行尝试操作。

6.3.4　"散布"命令建模——植树造林

保护环境，共同创造美好的生活环境，是我们每一个人的神圣职责。植树造林是保护环境的有力举措。下面我们使用"散布"命令在陡峭的山坡上植树造林，效果如图 6-64 所示，讲解使用"散布"命令建模的相关知识。

使用"散布"命令可以将对象随机分布散落到其他对象上，形成一种很自然的分布效果。例如，山坡上的山石、自然生长的树木等。

操作步骤

（1）继续 6.3.3 节案例的操作，在透视图中创建一棵"苏格兰松树"，如图 6-65 所示。

图 6-64　"植树造林"效果

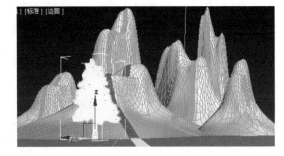

图 6-65　创建"苏格兰松树"

（2）在"修改"面板中根据山峰与树木的大小比例，调整"苏格兰松树"的高度，使其与山峰的大小相匹配。

（3）进入"创建"面板，在"几何体"下拉列表中选择"复合对象"选项，在"对象类型"卷展栏中单击 散布 按钮，在"拾取分布对象"卷展栏中单击 拾取分布对象 按钮，在视图中单击山峰模型进行分布以创建树木。

图 6-66　树木分布效果

（4）进入"修改"面板，在"源对象参数"选项组中设置"重复数"以确定树木的数量；在"分布对象参数"选项组中选中"区域"单选按钮并取消勾选"垂直"复选框，使树木不垂直于面；在"显示"卷展栏中勾选"隐藏分布对象"复选框，结果如图 6-66 所示。

（5）在"修改"面板中展开"散布"层级，进入 Feliage 层级，调整树木的"高度"为 50mm、"密度"为 0.5mm、"种子数"为 6000000，然后在"显示"选项组中取消勾选"果实"、"花"和"根"复选框，在"详细程度等级"选项组中选中"中"单选按钮，这样会减少不必要的面片数。

（6）回到"散布"层级，将"重复数"设置为 500，以增加树木的数量，完成"植树造林"效果的制作。

小贴士：

在选择分布方式时，慎重选择"所有顶点""所有边的中点""所有面的中心"选项，因为这样会随机产生更多的对象，容易造成死机。

综合实训——创建懒人沙发模型

在本综合实训中，主要熟悉多边形建模的相关操作，为后续创建更为复杂的模型奠定基础。懒人沙发模型效果如图 6-67 所示。

图 6-67　懒人沙发模型效果

详细操作步骤见配套教学资源中的视频讲解。

创建懒人沙发模型的练习评价

综合实训任务	检　查　点	完　成　情　况	出现的问题及解决措施
创建懒人沙发模型	编辑"顶点"子对象	□完成　□未完成	
	编辑"边"子对象	□完成　□未完成	
	编辑"多边形"子对象	□完成　□未完成	

知识巩固与能力拓展

1. 单选题

01. 多边形的子对象有（　　　）。

A. 顶点、边、边界、多边形　　　　　　B. 顶点、边、边界、多边形、元素

C. 顶点、边、边界　　　　　　　　　　D. 顶点、边、多边形、元素

02. 进入多边形对象的"顶点"子对象层级的快捷键是（　　　）。

A. 1　　　　　　B. 2　　　　　　C. 3　　　　　　D. 4

03. 进入多边形对象的"多边形"子对象层级的快捷键是（　　　）。

A. 1　　　　　　B. 2　　　　　　C. 3　　　　　　D. 4

04. 在进行"放样"操作时可以有（　　　）条路径。

A. 1　　　　　　B. 2　　　　　　C. 3　　　　　　D. 无数

05. 在进行"放样"操作时可以有（　　　）个截面图形。

A. 1　　　　　　B. 2　　　　　　C. 3　　　　　　D. 无数

2. 多选题

01. 在使用多边形建模时，需要（　　　）。

A. 将对象转换为多边形对象　　　　　　B. 添加"编辑多边形"修改器

C. 进入"多边形"层级　　　　　　　　D. 将多边形进行挤出

02. 修改以"实例"方式创建的对象时，可以（　　　）进行修改。

A. 通过修改原始截面图形和路径　　　　B. 在修改器堆栈中进入"子对象"层级

C. 通过在"曲面参数"卷展栏中　　　　D. 通过在"路径参数"卷展栏中

03. 进入多边形对象的"多边形"子对象层级的方法有（　　　）。

A. 按 4 键

B. 按 2 键

C. 在修改器堆栈中展开"多边形"层级，单击"多边形"子对象层级

D. 在"选择"卷展栏中单击▣按钮

3. 实践操作题

参考"线架文件"/"第 6 章 /"/"实践操作题——隐身无人机.max"文件（在本书附赠的资料包中可找到该文件），使用多边形建模方法创建如图 6-68 所示的隐身无人机模型。

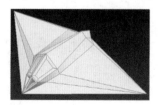

图 6-68　隐身无人机模型

操作提示：

创建长方体对象并将其转换为多边形对象，通过"挤出边""焊接顶点"等操作创建隐身无人机模型的机翼，通过"插入""挤出"等操作创建隐身无人机模型的进气道等结构。

三维效果表现——材质与贴图

第 7 章

⬇ 工作任务分析

本任务主要学习三维模型材质与贴图的制作，激发学生学习三维设计的兴趣，同时开拓学生的知识视野，培养良好的职业意识和职业素养。

⬇ 知识学习目标

- 了解材质与贴图的类型。
- 认识"材质编辑器"窗口的基本操作。
- 掌握材质与贴图的制作方法。
- 掌握材质的调整方法。

⬇ 技能实践目标

- 能够制作各种材质与贴图。
- 能够为模型正确指定材质与贴图。

在 3ds Max 三维设计中，如果模型是骨架，那么材质与贴图就是皮肤，有了骨架还需要有好的皮肤去衬托，这样才能制作出完美的三维模型，因此，材质与贴图是 3ds Max 三维设计中不可忽视的重要内容。

7.1　材质类型与"材质编辑器"窗口

什么是材质？简单来说，材质就是对象表面所呈现的固有的质感。例如，金属是光亮的、某些石头是粗糙的等。本节我们就来讲解制作材质的相关知识。

7.1.1　了解材质的类型

3ds Max 支持 3 种类型的材质，分别是通用材质、扫描线材质及 V-Ray 材质，这 3 种类型的材质适用于不同的渲染器。

- 通用材质。

通用材质适用于除 V-Ray 渲染器外的其他渲染器，使用该材质可以为各种模型对象制作具有不同质感的材质效果。例如，为一个容器类对象制作内、外两种不同的材质，为一个多边形对象的不同多边形面制作不同的材质，还可以将对象的投影真实投射到背景贴图上，实现真实的投影效果等。

● 扫描线材质。

扫描线材质只适用于默认扫描线渲染器，该材质可以表现真实的光线跟踪及建筑质感等。

● V-Ray 材质。

V-Ray 材质是 V-Ray 渲染器的专用材质，只有在安装并使用 V-Ray 渲染器时，这些材质才可以被显示并使用，使用该材质可以制作出其他渲染器无法比拟的材质效果，并可以进行更精确的渲染、输出。

7.1.2　熟悉"材质编辑器"窗口

不管是什么类型的材质与贴图，都需要在"材质编辑器"窗口中制作，制作完成后需要将其指定给模型，本节首先熟悉"材质编辑器"窗口。

课堂讲解——熟悉"材质编辑器"窗口

按 M 键打开"材质编辑器"窗口，在默认情况下系统呈现的是"Slate 材质编辑器"窗口模式，在"Slate 材质编辑器"窗口的"模式"菜单下选择"精简材质编辑器"命令，可将其切换为精简后的"材质编辑器"窗口，如图 7-1 所示。

精简后的"材质编辑器"窗口包括"菜单栏""示例窗""工具按钮""材质名称""卷展栏"等模块，下面我们只对"示例窗"及"工具按钮"进行详细讲解，其他模块将通过具体案例操作进行讲解。

1．示例窗

"材质编辑器"窗口共有 24 个示例窗，一个示例窗显示一种材质，系统默认只显示 6 个示例窗，移动光标到两个示例窗之间，光标显示小推手图标，按住鼠标左键向上、下、左、右拖曳以查看其他示例窗。在示例窗上右击并执行相关命令，可以设置示例窗的显示数以及进行其他操作，如图 7-2 所示。

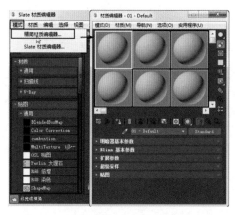

图 7-1　精简后的"材质编辑器"窗口

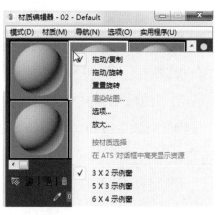

图 7-2　示例窗的右键快捷菜单

单击其中一个示例窗，示例窗边框显示白色，制作好材质后，示例窗显示材质效果，将材质指定给对象后，示例窗 4 个角显示白色三角形，当调整材质时，对象上的材质同步发生变化，如图 7-3 所示。

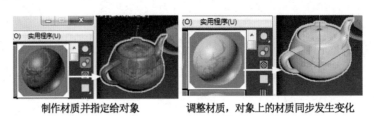

制作材质并指定给对象　　　　调整材质，对象上的材质同步发生变化

图 7-3　制作及调整材质

2. 工具按钮

工具按钮主要用于向对象指定材质、在场景中显示材质、获取场景材质、保存材质等，这些按钮与材质的制作无关，下面对常用的按钮进行介绍。

⬤ "采样类型"按钮：按住该按钮不放，示例窗显示不同的类型，包括圆柱体类型和立方体类型等，便于用户观察同一种材质在不同形状表面上的表现效果，如图 7-4 所示。

⬤ "背光"按钮：单击该按钮，将显示材质的背光效果，便于用户观察有背光时材质的表现效果，如图 7-5 所示。

⬛ "背景"按钮：单击该按钮显示背景，该按钮在制作玻璃、不锈钢金属等反射、折射比较强的材质时非常有用，用户可以通过背景观察反射、折射效果，如图 7-6 所示。

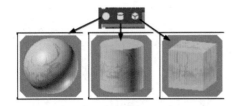

图 7-4　示例窗显示的类型

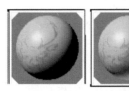

图 7-5　显示与隐藏背光

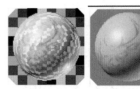

图 7-6　显示与隐藏背景

⬛ "获取材质"按钮：单击该按钮，打开"材质/贴图浏览器"对话框，用于从"材质库""场景"或其他位置加载以前存储的材质到场景中。

⬛ "将材质指定给选定对象"按钮：单击该按钮，将材质指定给被选定的对象。

⬛ "在视口中显示真实材质"按钮：单击该按钮，在视口中可以看到贴图和材质，但是只能显示一个层级的贴图和材质。

⬛ "转到父对象"按钮：单击该按钮，回到上一级材质层级，该按钮只能在次一级的层级上被激活。

除以上所讲解的这些按钮以外，其他按钮不经常使用，且操作简单，在此不再对其进行讲解。

7.1.3 制作材质的基本流程

3ds Max 系统默认会使用其自带的"标准"材质，本节讲解制作材质的基本流程。

课堂讲解——制作材质的基本流程

（1）在"材质编辑器"窗口中选择一个空的示例窗，在工具按钮下方单击 Standard 按钮打开"材质/贴图浏览器"对话框。

（2）根据所需材质类型，展开材质列表，选择所需材质。例如，选择"通用"材质类型中的"多维/子对象"材质，如图 7-7 所示。

（3）双击该材质或单击 确定 按钮，将该材质指定给示例窗，同时打开该材质的参数设置卷展栏进行设置，设置完成后就可以将其指定给对象，完成材质的制作，如图 7-8 所示。

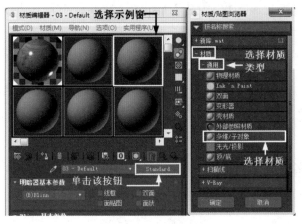

图 7-7 选择材质

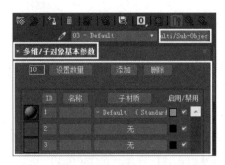

图 7-8 展开"多维/子对象"材质的参数设置卷展栏

小贴士：

在一般情况下，当将非"标准"材质指定给示例窗时，会弹出"替换材质"对话框，该对话框有两个选项，其中，"丢弃旧材质？"选项是指丢掉示例窗原来默认显示的材质，而"将旧材质保存为子材质？"选项是指将默认的材质作为当前材质的子材质，用户可以根据具体情况来选择，最后单击 确定 按钮即可，如图 7-9 所示。

图 7-9 "替换材质"对话框

7.2 制作材质

随着 V-Ray 渲染器插件的出现，其所具有的强大功能与渲染效果，使得 3ds Max 自身的大多数材质已基本不再被使用，鉴于这种情况，本节我们只对"通用"和"V-Ray"这两种材质类型中常用的几种材质进行讲解。

7.2.1 "多维/子对象"材质——"国粹之美"大瓷碗

瓷器是我国的伟大发明之一，是我国古代文明的象征，早在 3000 多年前的商代，我国先民就发明了瓷器。如今，精美的瓷器早已远销海内外，并成为我国的代名词，"中国"的英文单词也取自 china（瓷器）。

图 7-10 "国粹之美"大瓷碗

"多维/子对象"材质默认有 10 种材质，用户可以根据具体情况设置材质的数量，并为每个材质指定不同类型的材质，再进入几何体的子对象级别，将几种或者 10 种材质分配给几何体对象，使几何体对象具有多种不同的材质效果。

本节通过为大瓷碗制作如图 7-10 所示的多种材质，展现我国的"国粹之美"，同时讲解"多维/子对象"材质的制作方法和技巧。

操作步骤

（1）打开"线架文件"/"第 5 章"/"课堂讲解-'车削'修改器建模——传承国粹之大瓷碗.max"线架文件。

（2）将大瓷碗转换为多边形对象，进入"多边形"层级，将大瓷碗口沿位置的多边形面的材质 ID 设置为 1，反选并设置其他多边形面的材质 ID 为 2，再次选择大瓷碗底部的多边形面，设置材质 ID 为 3，如图 7-11 所示。

（3）按 F10 键打开"渲染设置"对话框，在"渲染器"下拉列表中选择 V-Ray 渲染器为当前渲染器，按 M 键打开"材质编辑器"窗口，选择一个空的示例窗，单击 "将材质指定给选定对象"按钮，将该示例窗指定给大瓷碗。

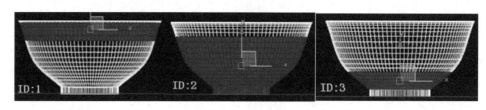

图 7-11 设置材质 ID

下面根据大瓷碗材质层级的材质 ID 来制作各材质。

（4）单击 Standard 按钮打开"材质/贴图浏览器"对话框，在"通用"材质类型中双击"多维/子对象"材质进入该材质的参数设置卷展栏。

（5）单击 设置数量 按钮打开"设置材质数量"对话框，设置"材质数量"为 3，然后单击"确定"按钮进行确认，效果如图 7-12 所示。

（6）单击 ID1 材质按钮回到该材质层级，单击 Standard 按钮打开"材质/贴图浏览器"对话框，在 V-Ray 材质类型底部双击 VRayMtl 材质，进入 VRayMtl 材质的"基本参数"卷展栏。

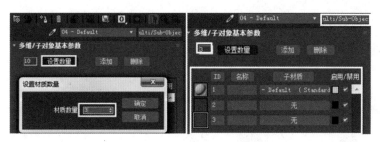

图 7-12　设置材质数量

✐ 小贴士：

VRayMtl 材质是 V-Ray 渲染器材质的一种，该材质功能强大，可以表现任何材质效果。有关 VRayMtl 材质的设置将在后文进行详细讲解。

（7）单击"漫反射"颜色按钮后的 ▨ 贴图按钮，双击"材质/贴图浏览器"对话框的"贴图"/"通用"/"位图"选项，选择"贴图"/"青花瓷.jpg"文件，将其贴图指定给 VRayMtl 材质的"漫反射"贴图通道。

✐ 小贴士：

材质只能表现对象的质感，不能表现对象表面的花纹图案，因此在表现对象花纹图案时需要使用贴图。在此我们要表现大瓷碗的青花瓷图案和颜色效果，因此需要使用一个具有青花瓷图案的"位图"贴图来表现，有关"贴图"的其他操作，在后面章节将进行详细讲解。

（8）在该位图文件的"坐标"卷展栏下设置"瓷砖"的 U 为 3、V 为 2，调整"位图"贴图的平铺次数，完成贴图的设置。

（9）单击 ▨ "转到父对象"按钮返回 ID1 的 VRayMtl 材质层级，单击"反射"颜色按钮，设置该颜色为白色、"光泽度"为 0.9，制作材质的反光效果，如图 7-13 所示。

（10）单击 ▨ "转到父对象"按钮返回"多维/子对象"材质层级，将 ID1 材质分别拖到 ID2 和 ID3 材质按钮上，以"复制"方式复制给其他材质，如图 7-14 所示。

（11）单击 ID2 材质按钮进入该材质层级，单击"漫反射"颜色按钮，设置颜色为白色，在颜色按钮后面的贴图按钮上右击并在弹出的快捷菜单中选择"清除"命令将"位图"贴图清除，其他参数采用默认设置。

（12）再次返回"多维/子对象"材质层级，单击 ID3 材质进入该材质层级，单击"漫反射"颜色按钮后面的贴图按钮，在"位图参数"卷展栏中单击"位图"贴图按钮，选择"贴图"/"青花瓷 01.jpg"位图文件，其他参数采用默认设置。

（13）至此，大瓷碗的材质制作完成，按 F9 键进行渲染，会发现场景是一片黑色，这是因为场景没有设置照明系统。另外，瓷器等高反光材质不仅需要设置照明系统，还需要有环境才能体现出其质感。下面我们制作一个名为 VRayHDRI 的环境贴图，该贴图既可以作为照明设备，也可以作为环境贴图使用。

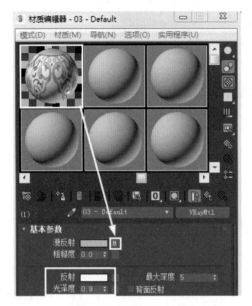

图 7-13　设置 ID1 材质

图 7-14　复制 ID1 材质

（14）选择空的示例窗，单击 "获取材质" 按钮，选择 "贴图" / "V-Ray" / "VRayHDRI"（高版本的 V-Ray 渲染器中为 "VRay 位图"）选项，将其指定给示例窗。

（15）回到 "材质编辑器" 窗口，在 VRayHDRI 的 "参数" 卷展栏中单击 "位图" 右侧的 贴图按钮，选择 "贴图" / "动态贴图 01.hdr" 贴图文件。

（16）回到 "材质编辑器" 窗口，在 "贴图" 选项组的 "贴图类型" 下拉列表中选择 "球状镜像" 选项，其他参数采用默认设置。

（17）执行 "渲染" / "环境" 命令打开 "环境和效果" 窗口，将制作好的 VRayHDRI 贴图拖到环境贴图按钮上，以 "实例" 方式进行复制，如图 7-15 所示。

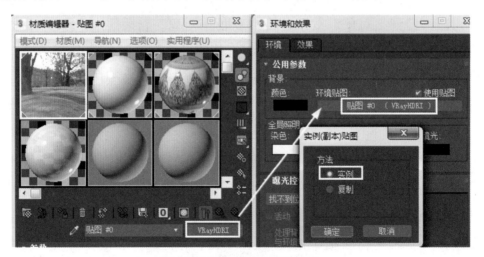

图 7-15　复制 VRayHDRI 贴图

（18）至此，环境贴图制作完成，按 F9 键快速渲染场景，查看瓷器材质效果。

📖 小贴士：

在渲染场景时，可以在 VRayHDRI 贴图的"贴图"选项组中设置"水平旋转"与"垂直旋转"的角度，在"处理"选项组中设置"全景倍增"值，调整 VRayHDRI 贴图的明暗度，以获得更好的渲染效果。有关 VRayHDRI 贴图的其他知识，将在 7.3.5 节中进行详细讲解。

7.2.2 "漫反射"与"反射"设置

VRayMtl 材质是最常用的一种材质，该材质几乎可以用于制作所有材质效果，如金属、塑料、布纹、大理石等。本节讲解 VRayMtl 材质中"漫反射"与"反射"的设置。

课堂讲解——"漫反射"与"反射"设置

（1）按 F10 键打开"渲染设置"对话框，在"渲染器"下拉列表中选择 V-Ray 渲染器。在"材质编辑器"窗口中选择空的示例窗，单击 Standard 按钮，打开"材质/贴图浏览器"对话框，在"材质"/"V-Ray"下拉列表中显示 V-Ray 渲染器的所有材质。

（2）双击 VRayMtl 材质，将该材质应用到示例窗中，同时进入该材质的"基本参数"卷展栏，如图 7-16 所示。

图 7-16 VRayMtl 材质的"基本参数"卷展栏

VRayMtl 材质的"基本参数"卷展栏有"漫反射"、"反射"、"折射"和"半透明"4 组设置。其中"漫反射"与"反射"组提供材质的漫反射与反射的颜色、贴图，反射"光泽度"，粗糙度，高光"光泽度"等一系列设置。

（3）单击"漫反射"颜色按钮后的▨贴图按钮，选择一种"位图"贴图或其他贴图，单击"反射"颜色按钮设置颜色，颜色一般在黑色与白色之间（特殊情况除外），颜色越接近黑色，材质反射效果越不明显，越接近白色，材质反射效果越明显。图 7-17 所示是"反射"颜色分别为黑色、灰色和白色的反射效果。

图 7-17 不同"反射"颜色的反射效果

（4）单击"反射"颜色按钮后的▯贴图按钮选择"位图"贴图代替颜色，表现材质的反射效果。输入反射"光泽度"的值，设置材质反射的锐利程度，值为 1 时是一种完美的镜面反射效果，而随着该值的减小，反射效果会逐渐模糊，如图 7-18 所示。

（5）勾选"菲涅耳反射"复选框制作高反射材质，此时，反射的强度将取决于物体表面的入射角度。例如，玻璃等物体的反射就是这种效果，不过该效果受材质折射率的影响较大。

（6）在"金属度"输入框中输入参数，控制材质的反射计算模型，值为 1 时表现为金属，值为 0 时表现为非金属，如图 7-19 所示。

图 7-18　反射"光泽度"效果比较

图 7-19　金属与非金属效果

（7）在"最大深度"输入框中定义反射能完成的最大次数，需要注意的是，当场景中有多个反射/折射表面时，这个参数要设置得足够大才会产生真实效果。

7.2.3　课堂实训——生命之源

水是生命之源，是人类赖以生存的根本，节约用水是每个人的职责。本节我们通过为水龙头模型制作如图 7-20 所示的不锈钢材质，讲解 VRayMtl 材质中的"反射"在制作不锈钢材质过程中的设置方法和技巧，同时希望读者养成节约用水的生活习惯。

操作步骤

（1）打开"素材"目录下的"水龙头.max"文件，按 F10 键打开"渲染设置"对话框，在"渲染器"下拉列表中选择 V-Ray 渲染器为当前渲染器。

（2）按 M 键打开"材质编辑器"窗口，选择一个空的示例窗，单击 "将材质指定给选定对象"按钮，将该示例窗指定给水龙头对象。

图 7-20　不锈钢水龙头

（3）单击 Standard 按钮打开"材质/贴图浏览器"对话框，在 V-Ray 材质类型底部双击 VRayMtl 材质，进入 VRayMtl 材质的"基本参数"卷展栏。

（4）单击"反射"颜色按钮，在打开的"颜色选择器"对话框中设置颜色为白色（R：255、G：255、B：255）、"光泽度"为 0.9、"金属度"为 1.0，其他参数采用默认设置。

该场景中除了水龙头模型，还有一个平面对象，平面对象的材质是白色的。

（5）将水龙头材质示例窗拖到一个空的示例窗上进行复制，然后设置"金属度"为 0，其他参数采用默认设置。

（6）选择场景中的平面对象，单击 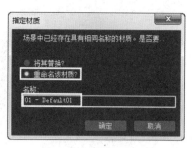 "将材质指定给选定对象"按钮，此时会弹出"指定材质"对话框，选中"重命名该材质？"单选按钮并重命名材质，如图 7-21 所示。

图 7-21 重命名材质

📝 小贴士：

由于平面对象的材质复制了水龙头模型的材质，这两种材质是重名且同步的，如果不对该材质进行重命名，则水龙头模型的材质会被替换掉，因此需要进行重命名。

（7）单击"确定"按钮确认将该示例窗指定给平面对象。

下面我们需要制作一个名为 VRayHDRI 的环境贴图作为照明设备以及环境贴图使用，这样才能很好地表现不锈钢材质效果。

（8）选择空的示例窗，依照 7.2.1 节中的操作方法，为该示例窗选择 VRayHDRI 贴图，然后选择"贴图"目录下的"动态贴图.hdr"文件，并选择"贴图类型"为"球状镜像"，其他参数采用默认设置，效果如图 7-22 所示。

（9）继续依照 7.2.1 节中的操作方法，将 VRayHDRI 贴图以"实例"方式复制给环境贴图，如图 7-23 所示。

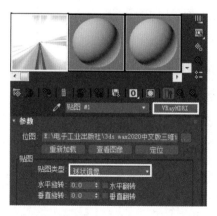

图 7-22 设置 VRayHDRI 贴图参数

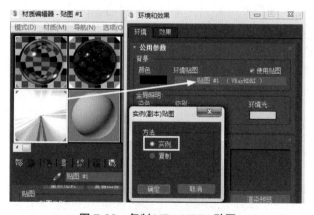

图 7-23 复制 VRayHDRI 贴图

（10）这样就完成了不锈钢材质的制作，按 F9 键快速渲染场景查看不锈钢材质效果。在进行渲染时可以设置 VRayHDRI 贴图的"水平旋转"角度以获得更好的渲染效果。

7.2.4 "折射"设置

本节讲解 VRayMtl 材质中"折射"的设置与应用技巧。

课堂讲解——"折射"设置

打开"素材"/"折射示例.max"文件，场景中包括一个玻璃球以及灯光和地面对象。

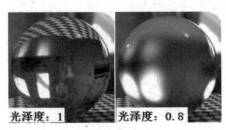

光泽度：1　　光泽度：0.8

图7-24　折射的光泽度效果

VRayMtl 材质的"基本参数"卷展栏中的"折射"组用于设置透明对象的折射效果，其颜色用于控制是否产生折射，颜色越亮，折射效果越明显，反之越不明显，而"光泽度"用于设置折射的强度，值为 1 时是一种完美的镜面反射效果，随着该值的减小，折射效果会逐渐模糊，如图 7-24 所示。

在"折射率（IOR）"输入框中根据不同的物体设置不同的折射率。

7.2.5　课堂实训——镜子效应

通常我们对着镜子做出什么表情，镜子就会反馈我们什么表情，这就是镜子效应。在探求知识的道路上，我们付出的努力越多，得到的回报就越多，这也是镜子效应。

本节我们就来通过 VRayMtl 材质中的"折射"设置制作如图 7-25 所示的镜面反射和折射效果。

操作步骤

（1）打开"素材"/"镜子.max"线架文件，按 F10 键打开"渲染设置"对话框，在"渲染器"下拉列表中选择 V-Ray 渲染器为当前渲染器。

首先制作具有金属质感的不锈钢镜架材质。

（2）按 M 键打开"材质编辑器"窗口，选择一个空的示例窗，单击 "将材质指定给选定对象"按钮，将该示例窗指定给所有镜架对象。

（3）单击 Standard 按钮打开"材质/贴图浏览器"对话框，在 V-Ray 材质类型底部双击 VRayMtl 材质，进入 VRayMtl 材质的"基本参数"卷展栏。

（4）设置"反射"颜色为白色（R：255、G：255、B：255）、"光泽度"为 0.9、"金属度"为 1，"最大深度"为 30，其他参数按照默认设置。

下面制作镜子材质，镜子材质分为两部分：一部分是镜框材质，另一部分是玻璃镜面材质。我们已经为模型设置了材质 ID，下面只需制作"多维/子对象"材质即可。

（5）将镜架材质示例窗拖到一个空的示例窗上进行复制，单击 VRayMtl 按钮，在打开的"材质/贴图浏览器"对话框的"材质"/"通用"选项下双击"多维/子对象"材质，在弹出的"替换材质"对话框中选中"将旧材质保存为子材质？"单选按钮，然后单击"确定"按钮进行确认，进入该材质的"多维/子对象基本参数"卷展栏。

（6）单击 设置数量 按钮打开"设置材质数量"对话框，设置"材质数量"为 2，然后单击"确定"按钮进行确认，如图 7-26 所示。

（7）将 ID1 材质拖到 ID2 材质上，以"复制"方式进行复制，然后单击 ID1 材质按钮回到该材质层级，将"反射"颜色修改为黑色（R：0、G：0、B：0），"折射"颜色设置为白色（R：255、G：255、B：255），"金属度"设置为 0，其他参数采用默认设置，将该材质指定给镜子对象（注意为材质重命名）。

图 7-25 镜面反射和折射效果

图 7-26 设置材质数量

下面我们还需制作 VRayHDRI 贴图以照明场景，同时作为环境贴图以体现镜子的材质效果。

（8）再次将镜架材质示例窗拖到一个空的示例窗上进行复制，设置"漫反射"颜色为白色（R：255、G：255、B：255）、"金属度"为 0，其他参数采用默认设置，然后将该材质指定给玻璃墙面对象。

（9）选择空的示例窗，单击 "获取材质"按钮，然后依照前面的操作步骤制作 VRayHDRI 贴图，使用"贴图"目录下的"动态贴图.hdr"位图文件作为贴图文件，并将其以"实例"方式复制给环境贴图。

（10）至此，场景中的所有材质制作完成，按 F9 键快速渲染场景查看效果。

7.2.6 "半透明"与"自发光"设置

本节讲解 VRayMtl 材质的"半透明"与"自发光"设置。

课堂讲解——"半透明"与"自发光"设置

1. 半透明

"半透明"组主要用于设置材质的半透明效果，从而制作半透明对象及自发光对象。例如，半透明的玻璃、发光的灯泡等，当然，这些设置必须配合"反射"及"折射"等其他相关设置才能制作出理想的材质效果。

在"半透明"下拉列表中有 4 种半透明类型，分别是"无""硬模型""软模型""混合模型"。

● 无：不产生半透明效果。

● 硬模型：产生较坚硬的半透明效果。在使用"硬模型"类型时，"背面颜色"会影响模型的表面颜色，默认为白色。

- 软模型：产生较柔软的半透明效果。
- 混合模型：介于硬模型与软模型之间的一种半透明效果。

"半透明"类型的几种效果比较如图 7-27 所示。

2. 自发光

自发光：设置模型的自发光颜色。颜色在白色与黑色之间，颜色越亮，自发光效果越明显，反之越不明显。

全局照明：使用全局照明效果。

倍增：设置自发光的强度，值越大，自发光强度越强，反之越弱。

如图 7-28 所示，图 a 是自发光倍增为 1 时的效果，图 b 是自发光倍增为 0.1 时的效果。

图 7-27　"半透明"类型的几种效果比较

图 7-28　"自发光"效果比较

7.2.7　课堂实训——点亮未来愿景

每个人都有自己的梦想和追求，只要我们坚守信念，就一定能实现自己的梦想，让我们一起点亮未来愿景！

本节我们使用 VRayMtl 材质中的"半透明"和"自发光"设置，制作如图 7-29 所示的灯泡的透明和半透明玻璃效果，讲解玻璃材质的制作方法和技巧。

图 7-29　灯泡的透明和半透明玻璃效果

操作步骤

（1）打开"素材"/"灯泡.max"线架文件，该模型已经设置好材质 ID，下面我们只需为各材质层级制作不同的材质即可。

（2）按 M 键打开"材质编辑器"窗口，选择空的示例窗，为其指定"多维/子对象"材质，并设置"材质数量"为 4。

（3）为 ID1 材质指定 VRayMtl 材质，设置"反射"颜色为白色（R：255、G：255、B：255）、"光泽度"为 0.9，取消勾选"菲涅尔反射"复选框，设置"金属度"为 1、"最大深度"为 30，其他参数采用默认设置。

（4）将 ID1 材质分别以"复制"方式复制给 ID2、ID3 和 ID4 材质，然后进入 ID2 材质层级，勾选"菲涅尔反射"复选框，设置"折射"颜色为白色（R：255、G：255、B：255）、"金属度"为 0，在"半透明"下拉列表中选择"硬模型"选项，其他参数采用默认设置。

（5）进入 ID3 材质层级，勾选"菲涅尔反射"复选框，设置"漫反射"颜色为黑色（R：0、G：0、B：0）、"反射"颜色为白色（R：255、G：255、B：255）、"金属度"为 0，在"半透明"下拉列表中选择"无"选项，其他参数采用默认设置。

（6）进入 ID4 材质层级，勾选"菲涅尔反射"复选框，设置"反射"和"折射"颜色均为白色（R：255、G：255、B：255）、"金属度"为 0，在"半透明"下拉列表中选择"软模型"选项，其他参数采用默认设置，然后将该材质指定给灯泡。

下面制作灯泡的发光灯丝与场景地面材质。

（7）重新选择空的示例窗，为其指定 VRayMtl 材质，设置"漫反射"颜色为暗红色，其他参数采用默认设置，然后将该材质指定给灯泡的灯丝。

（8）继续选择空的示例窗，为其指定 VRayMtl 材质，设置"漫反射"和"反射"颜色均为白色，其他参数采用默认设置，然后将该材质指定给地面模型。

至此，灯泡与场景地面材质制作完成，下面我们只需将该灯泡以"复制"方式复制 3 个，将其材质示例窗分别复制到 3 个空的示例窗上，然后分别修改"自发光"颜色为红色、绿色和蓝色，以及"背面"颜色为红色、绿色和蓝色，最后将这 3 个材质指定给 3 个复制的灯泡对象，完成所有灯泡的制作。

下面按照前面章节相关案例的操作步骤，再来制作一个以"动态贴图 01.hdr"位图文件作为贴图的 VRayHDRI 贴图，以作为照明设备和环境贴图使用，最后按 F9 键快速渲染场景查看效果。

7.2.8 VRay 混合材质

"VRay 混合材质"可以将多种材质进行叠加，实现一种混合材质效果。"VRay 混合材质"包括一个基本材质和 9 个镀膜材质，9 个镀膜材质根据基本材质中颜色的灰度级别进行叠加，产生多种材质混合后的效果。本节讲解"VRay 混合材质"的制作技巧。

课堂讲解——"VRay 混合材质"的制作

（1）打开"材质编辑器"窗口并选择一个空的示例窗，为其指定"材质"/"V-Ray"/"VRay 混合材质"，进入该材质的"参数"卷展栏，如图 7-30 所示。

下面我们为基本材质选择一个具有黑、白两种颜色的材质，通过黑、白两种颜色来展现镀膜材质的叠加效果。

（2）单击"基本材质"贴图按钮，为其指定 VRayMtl 材质，并为"漫反射"指定"贴图"/"通用"/"棋盘格"程序贴图，该贴图是一种黑白相间的格子，展开"棋盘格参数"卷展栏，如图 7-31 所示。

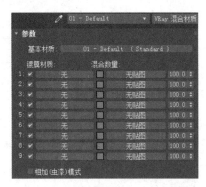

图 7-30   "VRay 混合材质"的"参数"卷展栏

图 7-31   "棋盘格参数"卷展栏

（3）返回"VRay 混合材质"层级，单击 1 号镀膜材质按钮，为其指定 VRayMtl 材质，并为"漫反射"指定 Dryleave.jpg 贴图文件。

（4）使用相同的方法，为 2 号镀膜材质指定 VRayMtl 材质，并为"漫反射"指定"草地.jpg"贴图文件，此时会发现，这两种贴图根据"棋盘格"程序贴图的黑白颜色区域分为两部分，并且每部分都是两种镀膜贴图的混合效果。

（5）单击 1 号镀膜材质按钮后的颜色按钮，调整该颜色为白色，此时会发现，两种贴图的混合不再以"棋盘格"程序贴图的黑白颜色区域划分，如果调整 2 号镀膜材质后的颜色为白色，此时只显示 2 号镀膜贴图效果，如图 7-32 所示。

图 7-32   材质混合效果

由此我们可以看出，基本材质其实起到了一种遮罩作用，镀膜材质混合后会根据基本材质颜色级别进行区分。另外，每种镀膜材质也会根据自身的颜色变化而变化。单击镀膜材质颜色按钮后面的贴图按钮，选择一种"位图"贴图代替颜色，此时，镀膜材质将根据该贴图本身的颜色变化而变化。

7.2.9   课堂实训——制作老化的真皮材质

在 3ds Max 游戏与动画三维场景设计中，真实的材质纹理效果可以为场景锦上添花，引人入胜。本节我们就使用"VRay 混合材质"为一款沙发制作如图 7-33 所示的老化的真皮材质，讲解"VRay 混合材质"的制作方法。

操作步骤

（1）打开"素材"/"真皮沙发.max"文件，按 F10 键打开"渲染设置"对话框，设置当前渲染器为 V-Ray 渲染器。

（2）按 M 键打开"材质编辑器"窗口并选择一个空的示例窗，为其指定"VRay 混合材质"，进入该材质的"参数"卷展栏。

（3）为"基本材质"指定 VRayMtl 材质，为"漫反射"指定"贴图"/"Grydirt2000.jpg"贴图文件。

（4）回到"VRay 混合材质"层级，将"基本材质"上的 VRayMtl 材质以"复制"方式复制给镀膜材质，然后为 1 号镀膜材质的"漫反射"选择"贴图"/"Clt24016.jpg"真皮贴图文件，其他参数采用默认设置，完成"VRay 混合材质"的制作，如图 7-34 所示。

图 7-33 老化的真皮沙发

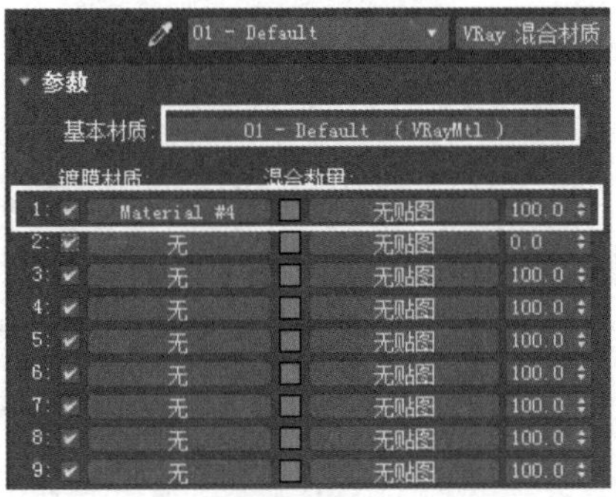

图 7-34 制作的"VRay 混合材质"

下面我们只需将制作的材质指定给沙发模型即可，需要注意的是，为了保证贴图能正确贴于模型表面，可以为沙发模型选择名为"贴图缩放器绑定（WSM）"的修改器，并在"参数"卷展栏中修改"比例"为 300，其他参数采用默认设置，最后按 F9 键快速渲染场景查看材质效果。

7.3 制作贴图

什么是贴图？在 3ds Max 三维设计中，贴图是指使用位图文件模拟模型表面纹理特征，是对材质的补充和完善，以更好地表现模型的质感，本节讲解贴图的相关知识。

7.3.1 贴图的作用与类型

在制作材质时，当材质不能完美地表现模型质感时，就需要使用贴图来弥补。例如，我们要制作一种实木材质，我们知道，实木是坚硬的、光滑的，有时还会有一定的反射效果，这些质感都可以通过材质来表现，但是，对于不同的实木固有的表面纹理，材质并不能完全真实地表现，这时我们就需要将一张实木的纹理图片指定给材质的贴图通道，以此来表现实木的表面纹理。图 7-35 所示是指定贴图前后的效果对比。

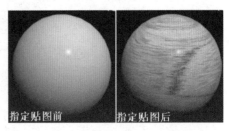

图 7-35 指定贴图前后的效果对比

课堂讲解——贴图的作用与类型

3ds Max 支持 4 种类型的贴图，分别是"通用"贴图、"扫描线"贴图、OSL 贴图和"环境"贴图，如果安装了 V-Ray 渲染器，则还有 V-Ray 贴图。

"通用"贴图：该贴图适用于所有通用材质。例如，为"多维/子对象"材质指定"位图"贴图（"通用"贴图类型中的一种），表现对象多种材质质感。

"扫描线"贴图：该贴图包括"反射/折射""平面镜""薄壁折射"3 种类型，在使用默认扫描线渲染器渲染场景时，使用这 3 种贴图可以表现高反光材质（如玻璃、不锈钢、水面等）的反射和折射效果。

OSL 贴图：一种新增的贴图类型，包含 100 多种着色器，从简单的数学节点到完整的程序化纹理，用户可以直接在"材质编辑器"窗口中编辑 OSL 着色器文本，并在视口和 ActiveShade 中获得实时更新，其功能非常强大。

"环境"贴图：一种用于创建物理太阳和天空环境的贴图。一般在创建太阳光时系统会自动创建一个"环境"贴图，也可以选择一个位图文件将其指定给环境，作为"环境"贴图。

V-Ray 贴图：V-Ray 渲染器自带的贴图，配合 V-Ray 材质，可以表现更加真实的材质质感。

7.3.2　"位图"贴图

"位图"贴图是"通用"贴图类型中最常用、最简单的一种贴图，使用一张位图图像来表现模型的表面特征。本节讲解"位图"贴图的使用方法。

课堂讲解——"位图"贴图

（1）创建长方体对象，设置 V-Ray 渲染器为当前渲染器，打开"材质编辑器"窗口，选择空的示例窗并为其指定 VRayMtl 材质。

（2）将该示例窗指定给长方体对象，并单击 "视口中显示明暗处理材质"按钮，使材质能在视口中显示，以方便我们在不渲染场景的情况下观察材质的变化。

（3）为"漫反射"指定"贴图"/"通用"/"位图"/"贴图"/"B0000952.jpg"位图文件，系统自动进入"位图"贴图的"坐标"卷展栏，此时长方体对象显示贴图效果，如图 7-36 所示。

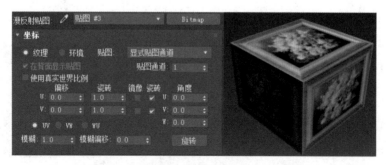

图 7-36　"位图"贴图与"坐标"卷展栏

（4）在"坐标"卷展栏中选中"纹理"单选按钮，将贴图作为纹理贴图应用到对象表面。

📋 小贴士：

在默认设置下，系统将"位图"以纹理贴图的方式指定给对象，如果要使用"位图"贴图制作场景背景，则可以选中"环境"单选按钮，并在右侧的"贴图"下拉列表中选择"屏幕"选项，此时该"位图"将以"屏幕"方式贴到背景上，也可以选择"球形环境"、"柱形环境"或"收缩包裹环境"方式。另外，如果勾选"使用真实世界比例"复选框，则将"位图"实际的"宽度"和"高度"值应用于对象；如果取消勾选该复选框，则使用UV值将"位图"应用于对象，该复选框一般不使用。

（5）分别在"偏移"的U（水平）和V（垂直）输入框中输入1.5和0.5，此时"位图"贴图沿水平方向和垂直方向进行偏移，偏移后的区域将使用"位图"的另一部分进行覆盖，效果如图7-37所示。

（6）在"瓷砖"输入框中分别设置U（水平）和V（垂直）的平铺次数为2和3，此时"位图"贴图的效果如图7-38所示。

（7）勾选"镜像"或"瓷砖"复选框，使"位图"贴图在U向或V向以"镜像"或"瓷砖"方式平铺，如图7-39所示。

图7-37 设置"位图"的偏移　　图7-38 设置"位图"的瓷砖　　图7-39 镜像平铺

（8）在"角度"输入框中输入U（X轴）、V（Y轴）、W（Z轴）的旋转角度，使"位图"贴图产生旋转。例如，设置W（Z轴）的旋转角度为45°，此时"位图"贴图的效果如图7-40所示。

（9）在"模糊"输入框中输入参数，控制贴图与视图的距离以影响贴图的锐度或模糊度，从而消除锯齿。贴图与视图的距离越远，模糊度就越大。

（10）在"模糊偏移"输入框中输入参数，影响贴图的锐度或模糊度，该选项与贴图和视图的距离无关，只模糊对象空间中自身的图像。如果需要对贴图的细节进行软化处理或者散焦处理以达到模糊图像的效果，则使用此选项。

（11）在"位图参数"卷展栏中单击"位图"按钮，在打开的"选择位图图像文件"对话框中可以查看位图的路径或替换位图。

（12）选中"应用"单选按钮，单击 查看图像 按钮，在打开的对话框中调整裁剪框对位图进行裁剪，裁剪后的位图将作为贴图使用，如图7-41所示。

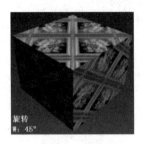

图 7-40　旋转

图 7-41　裁剪位图

7.3.3　课堂实训——坐下来

"坐下来"是一种情怀，更是一种境界。只有坐下来，坐得住，才能静下心做好每一件事。本节我们使用"位图"贴图制作如图 7-42 所示的办公椅材质效果，讲解"位图"贴图在材质制作过程中的使用方法和技巧。

操作步骤

（1）打开"素材"/"办公椅.max"文件，按 F10 键打开"渲染设置"对话框，设置当前渲染器为 V-Ray 渲染器。

V-Ray 渲染器需要使用照明系统才能渲染场景，为了能随时观察模型的贴图效果，同时表现材质的反射效果，首先制作一个环境贴图。

（2）依照 7.2.1 节中的操作方法，制作一个以"环境.hdr"位图为贴图的 VRayHDRI 贴图，设置该贴图的"水平旋转"为 130、"倍增"为 1.5，其他参数采用默认设置，然后将该贴图以"实例"方式复制给环境贴图，按 F9 键快速渲染场景查看效果，如图 7-43 所示。

下面制作办公椅的材质，首先制作靠背和坐垫的材质，这两个模型的材质为布艺材质，需要使用"位图"贴图来制作。

（3）按 M 键打开"材质编辑器"窗口并选择空的示例窗，为其指定"材质"/"VRayMtl"材质，为"漫反射"指定"贴图"/"Dt002.jpg"位图文件，其他参数采用默认设置，然后将该材质指定给靠背和坐垫，按 F9 键快速渲染场景查看效果，如图 7-44 所示。

通过渲染我们发现，位图纹理很粗糙，同时在模型的边缘部分纹理还出现了扭曲。

（4）选择靠背和坐垫，在修改器列表中选择"贴图缩放器绑定（WSM）"修改器，并设置其"比例"为 20，其他参数采用默认设置，按 F9 键快速渲染场景，此时发现位图纹理变小了，纹理扭曲的情况也没有了，如图 7-45 所示。

图 7-42　办公椅材质效果

图 7-43　环境贴图效果

图 7-44　靠背和坐垫贴图效果

图 7-45　调整贴图

下面继续制作两个扶手和靠背弹簧的材质，该材质是一种黑色塑料材质，直接调整"漫反射"颜色即可，不需要使用"位图"贴图。

（5）将靠背和坐垫的材质示例窗复制到空的示例窗上，在"漫反射"贴图按钮上右击并在弹出的快捷菜单中选择"清除"命令将其"位图"贴图清除，然后设置"漫反射"颜色为黑色（R：0、G：0、B：0）、"反射"颜色为灰色（R：125、G：125、B：125）、"光泽度"为0.8，使扶手具有一定的反射效果，其他参数采用默认设置，最后将该材质指定给两个扶手和靠背弹簧。

（6）继续将扶手和靠背弹簧材质示例窗复制到空的示例窗上作为底座的金属材质，设置"漫反射"颜色为灰色（R：125、G：125、B：125）、"反射"颜色为白色（R：255、G：255、B：255）、"光泽度"为0.95、"金属度"为1，使底座具有很强的反射效果，其他参数采用默认设置，最后将该材质指定给底座。

（7）至此，办公椅的所有材质制作完成，按 F9 键快速渲染场景查看效果。

7.3.4 贴图坐标与贴图通道

贴图坐标可以矫正贴图，使其能正确贴于模型表面，而贴图通道是应用贴图的一种方法，本节讲解贴图坐标与贴图通道的相关知识。

课堂讲解——贴图坐标与贴图通道

1. 贴图坐标

在多数情况下，在材质中使用了"位图"贴图后，"位图"并不能与对象完全匹配，尤其是曲面对象，会出现贴图扭曲变形的情况，此时需要为"位图"贴图指定贴图坐标，对"位图"进行调整。

有两种调整"位图"贴图的方法：一种是对于形状较规则的对象，可以添加"UVW 贴图"修改器；另一种是对于形状不规则的对象，则可以添加"贴图缩放器绑定（WSM）"修改器。

（1）创建球体、圆柱体和立方体对象，为其指定"位图"贴图，并添加"UVW 贴图"修改器。

在默认设置下，"UVW 贴图"修改器采用"平面"贴图方式，这种方式使贴图在对象的一个平面上展开，适用于平面对象。

（2）选中"柱形"单选按钮，以圆柱体包围的形式将贴图包裹到对象上，适用于圆柱体对象，选中"球形"单选按钮，以球体包裹的形式将贴图包裹到对象上，适用于球体对象，选中"收缩包裹"单选按钮，以收缩包裹的形式将贴图包裹到对象上，适用于曲面对象，选中"长方体"单选按钮，以长方体的形式将贴图贴到对象的 4 个面上，适用于长方体对象，选中"面"单选按钮，在对象的每一个面上贴一个位图。几种贴图方式的效果如图 7-46 所示。

图 7-46 "UVW 贴图"修改器几种贴图方式的效果

（3）打开"素材"/"屋顶.max"文件，这是一个异面体的屋顶模型，为该屋顶模型指定 VRayMtl 材质，为"漫反射"指定"贴图"/"蓝瓦.jpg"位图文件，此时看不到贴图效果，在修改器列表中选择"UVW 贴图"修改器，并分别选择各种贴图方式，会发现贴图并不正确，如图 7-47 所示。

（4）删除"UVW 贴图"修改器，重新选择"贴图缩放器绑定（WSM）"修改器，此时会发现，无论哪个屋面上的贴图都是正确的，如图 7-48 所示。

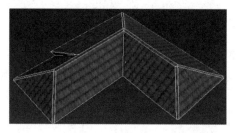

图 7-47 "UVW 贴图"修改器贴图效果

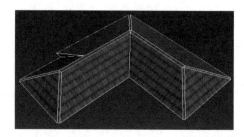

图 7-48 "贴图缩放器绑定（WSM）"修改器贴图效果

（5）设置"比例"为 400 以调整贴图的大小，使其能与屋顶大小匹配。

通过以上操作可以看出，在对异面体模型进行贴图时，只有使用"贴图缩放器绑定（WSM）"修改器才能很好地矫正贴图，使其与模型完全匹配。

2. 贴图通道

贴图通道是应用贴图的一种方法，不同的贴图通道用于控制不同的材质表现。例如，"漫反射"贴图通道用于控制对象的固有纹理，"反射"贴图通道用于控制对象的反射效果等。

（1）打开"线架文件"/"课堂讲解——使用'锥化'修改器创建方形石柱础.max"文件，这是一个石柱础模型，按 F9 键快速渲染场景可以发现，该模型已经有一个石材的"位图"贴图，但表面缺少石材本该有的凹凸质感。下面利用贴图通道来制作石柱础表面凹凸的纹理效果。

（2）展开"贴图"卷展栏，我们发现石材的"位图"贴图位于"漫反射"贴图通道，单击"凹凸"贴图通道按钮，选择"贴图"/"通用"/"噪波"选项，进入该贴图的参数面板，设置"噪波"的"大小"为 5，其他参数采用默认设置，返回"贴图"卷展栏，设置"凹凸"参数为 300，如图 7-49 所示。

（3）再次按 F9 键快速渲染场景，此时会发现模型表面的石材本该有的凹凸质感非常明显，如图 7-50 所示。

图 7-49 "凹凸"贴图通道的设置　　　　　**图 7-50 贴图通道的应用效果比较**

以上案例再次说明，贴图通道不仅是应用贴图的一种方法，更是改善材质不可或缺的手段。

📋**小贴士：**

　　"噪波"贴图是一种程序贴图，采用黑、白两种颜色表现材质凹凸的质感，也可以使用贴图代替这两种颜色。有关"噪波"贴图的具体应用，在后面章节将进行详细讲解。

7.3.5　课堂实训——制作材质与贴图

　　沙发、坐垫及地板采用不同的材质，需要使用多种贴图来表现其表面特征。本节我们使用"位图"贴图制作如图 7-51 所示的充气沙发、懒人沙发、坐垫及地板的材质与贴图效果，讲解"位图"贴图在材质与贴图制作过程中的使用方法和技巧。

　　操作步骤

　　（1）打开"素材"/"沙发与坐垫.max"文件，场景中有一个充气沙发、一个懒人沙发、一个坐垫和地板。

　　（2）按 F10 键打开"渲染设置"对话框，设置当前渲染器为 V-Ray 渲染器。

　　V-Ray 渲染器需要使用照明系统才能渲染场景，为了能随时观察模型的贴图及材质的反射效果，需要制作环境贴图用于照明及反射。

　　（3）依照 7.2.1 节中案例的操作方法，制作一个以"环境.hdr"位图为贴图的 VRayHDRI 贴图，设置该贴图的"水平旋转"为 30，其他参数采用默认设置，然后将该贴图以"实例"方式复制给环境贴图，按 F9 键快速渲染场景查看效果，如图 7-52 所示。

图 7-51 材质与贴图效果　　　　　　**图 7-52 环境贴图效果**

首先制作充气沙发的材质与贴图效果。

（4）按 M 键打开"材质编辑器"窗口并选择空的示例窗，为其指定"材质"/"VRayMtl"材质，为"漫反射"指定"贴图"/"通用"/"位图"/"贴图"/"枕头 03.jpg"贴图文件。

（5）设置"反射"颜色为灰色（R：35、G：35、B：35）、"光泽度"为 0.85，取消勾选"菲涅尔反射"复选框，将该材质指定给充气沙发。

（6）在修改器列表中选择"UVW 贴图"修改器，选中"长方体"单选按钮，其他参数采用默认设置，按 F9 键快速渲染场景查看效果，如图 7-53 所示。

然后制作懒人沙发的材质与贴图效果。

（7）将充气沙发的材质示例窗复制到空的示例窗上，设置"反射"的颜色为黑色（R：0、G：0、B：0）、"光泽度"为 1，勾选"菲涅尔反射"复选框，其他参数采用默认设置。

（8）将"漫反射"贴图文件替换为"贴图"/"枕头 01.jpg"贴图文件。

（9）将该材质指定给懒人沙发，在修改器列表中选择"UVW 贴图"修改器，选中"面"单选按钮，其他参数采用默认设置，按 F9 键快速渲染场景查看效果，如图 7-54 所示。

接着制作坐垫的材质与贴图效果。

（10）将懒人沙发的材质示例窗复制到空的示例窗上，为"漫反射"指定"位图"/"贴图"/"枕头 02.jpg"贴图文件。

（11）展开"贴图"卷展栏，将"漫反射"贴图通道的贴图以"实例"方式复制到"凹凸"贴图通道上，并设置其参数为 100，然后将该材质指定给坐垫。

（12）在修改器列表中选择"UVW 贴图"修改器，选中"长方体"单选按钮，其他参数采用默认设置，按 F9 键快速渲染场景查看效果，如图 7-55 所示。

图 7-53　充气沙发的材质与贴图效果　　图 7-54　懒人沙发的材质与贴图效果　　图 7-55　坐垫的材质与贴图效果

最后制作地板的材质与贴图效果。

（13）继续将懒人沙发的材质示例窗复制到空的示例窗上，将"漫反射"贴图文件替换为"贴图"/"Sb165.BMP"贴图文件，并设置"反射"颜色为灰色（R：196、G：196、B：196）、"光泽度"为 0.9，其他参数采用默认设置，将该材质指定给地板。

（14）至此，场景中对象的所有材质与贴图效果制作完成，按 F9 键快速渲染场景查看效果。

7.3.6　"混合"贴图

"混合"贴图属于程序贴图，与"混合"材质有些相似，通过对两种颜色或者贴图进行混合，制作一种"混合"贴图效果。本节讲解"混合"贴图的制作方法。

课堂讲解——制作"混合"贴图

（1）设置 V-Ray 渲染器为当前渲染器，选择空的示例窗，为其指定 VRayMtl 材质，为"漫反射"指定"贴图"/"通用"/"混合"贴图，进入"混合"贴图的"混合参数"卷展栏，如图 7-56 所示。

（2）在默认设置下，"混合"贴图的两种颜色为黑色和白色，分别单击两个颜色按钮，将颜色调整为红色和绿色，调整"混合量"参数，其取值范围为 1～100，当值为 1 时显示"颜色#1"；当值为 100 时显示"颜色#2"；当值为 50 时是两种颜色的混合效果，如图 7-57 所示。

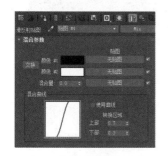

图 7-56　"混合参数"卷展栏

图 7-57　"混合量"参数的取值效果

（3）分别单击两个颜色按钮后面的贴图按钮，选择"贴图"/"Dryleave.jpg"和"Grydirt2.jpg"位图文件，设置"混合量"为 50，此时显示两种贴图的混合效果，如图 7-58 所示。

（4）为"混合量"贴图指定"贴图"/"黑白渐变.jpg"位图文件，此时"混合量"贴图的黑色区域与白色区域分别显示"颜色#1"与"颜色#2"两种贴图，而黑色与白色过渡的灰色区域则显示这两种贴图的混合效果，如图 7-59 所示。

图 7-58　两种贴图的混合效果

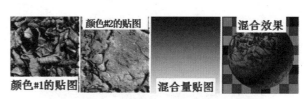

图 7-59　"混合量"贴图的混合效果

由此可以看出，"混合"贴图的关键因素是"混合量"与其贴图，用户在实际工作中可以根据具体需要，设置"混合量"参数或选择合适的"混合量"贴图。另外，如果勾选"使用曲线"复选框，则"混合量"参数不可用，此时可以通过调整曲线参数进行两种贴图的混合。

7.3.7　课堂实训——守护绿水青山

绿色是大自然的颜色，是生命的象征，代表着生机勃勃。守护绿水青山，就是守护我们的生命。

打开"素材"/"褐色山峰.max"文件，按 F9 键快速渲染场景，发现该场景是一个褐色的毫无生气的山峰场景，效果如图 7-60 所示。

下面使用"混合"贴图为该褐色山峰制作绿色草坪材质，使山峰披上绿装，彰显生命活力，效果如图 7-61 所示。

图 7-60　褐色山峰场景

图 7-61　制作绿色草坪材质后的效果

操作步骤

（1）按 M 键打开"材质编辑器"窗口，发现该场景已经有一个 VRayMtl 材质。

（2）激活该材质示例窗，将"漫反射"贴图清除，然后为其重新指定"贴图"/"通用"/"混合"贴图，进入该贴图的"混合参数"卷展栏。

（3）分别单击两个颜色按钮后面的贴图按钮，为其指定"贴图"/"草地.jpg"和"Grydirt2.jpg"两个位图文件，然后设置"混合量"为 50，按 F9 键快速渲染场景，效果如图 7-62 所示。

通过渲染我们发现，山峰披上了绿装，但没有裸露的泥土，这与实际情况不符，效果很假，下面我们继续进行调整。

（4）勾选"使用曲线"复选框，设置"上部"为 1、"下部"为 0，再次渲染场景，效果如图 7-63 所示。

图 7-62　"混合"贴图的渲染效果

图 7-63　使用曲线调整后的效果

此时我们发现，草坪太稀疏，裸露的泥土太多，这并不是我们想要的效果，下面继续进行调整。

（5）单击"混合量"贴图按钮，选择"贴图"/"黑白图.jpg"位图文件，再次渲染场景，效果如图 7-64 所示。

此时我们发现，山峰整体效果比较真实，下面再让草坪更茂盛一些。

（6）调整"下部"为 0.35，以减少裸露的泥土，然后选择场景中的太阳光，在"修改"面板中调整其"强度倍增"为 0.7、"大小倍增"为 100，增加场景亮度，再次渲染场景，效果如图 7-65 所示。

图 7-64　"混合量"贴图效果

图 7-65　调整后的"混合"贴图效果

（7）依照 6.3.4 节中的内容讲解，使用"散布"命令在山峰上种一些树，完成该效果的制作。

7.3.8　VRayHDRI 贴图

VRayHDRI 贴图使用 HDRI 文件作为贴图，以制作背景贴图并照亮场景，其操作非常简单。本节讲解 VRayHDRI 贴图的制作方法。

课堂讲解——制作 VRayHDRI 贴图

（1）选择空的示例窗，单击▓"获取材质"按钮，在打开的"材质/贴图浏览器"对话框的"贴图"/"V-Ray"列表中双击 VRayHDRI（高版本的 V-Ray 渲染器中为"VRay 位图"）选项，将其指定给示例窗。

（2）回到"材质编辑器"窗口，在 VRayHDRI 贴图的"参数"卷展栏中单击"位图"右侧的▇贴图按钮，选择.hdr 格式的贴图文件。例如，选择"贴图"/"动态贴图 01.hdr"贴图文件。

（3）回到"材质编辑器"窗口，在"贴图"选项组的"贴图类型"下拉列表中选择"球状镜像"选项，在"水平旋转"及"垂直旋转"输入框中设置贴图的旋转角度，并在"处理"选项组中设置"全局倍增"值，以得到不一样的照明效果。

（4）设置完成后，执行"渲染"/"环境"命令打开"环境和效果"窗口，将制作好的 VRayHDRI 贴图拖到环境贴图按钮上，以"实例"方式复制给环境贴图，这样就完成了 VRayHDRI 贴图的制作与应用，如图 7-66 所示。

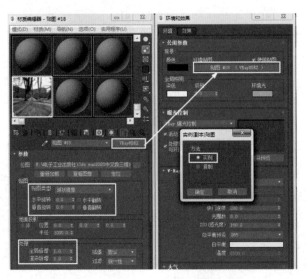

图 7-66　VRayHDRI 贴图

知识巩固与能力拓展

---

1. 单选题

01. 当前渲染器是（　　）渲染器时才能使用 VRayMtl 材质。

A. V-Ray 渲染器　　　　　　　　　B. 默认扫描线渲染器

C. ART 渲染器　　　　　　　　　　D. VUE 文件渲染器

02. "多维/子对象"材质默认有（　　）种材质。

A. 1　　　　　　B. 2　　　　　　C. 10　　　　　　D. 无数

03. 在使用 VRayMtl 材质制作金属材质时，"金属度"的值是（　　）。

A. 1　　　　　　B. 2　　　　　　C. 10　　　　　　D. 0

04. 只有取消勾选（　　）复选框才能使由 VRayMtl 材质制作的玻璃产生透明阴影。

A. 背面反射　　　B. 影响阴影　　　C. 菲涅尔反射　　　D. 暗淡距离

05. 既可以作为环境贴图，又可以照明场景的贴图是（　　）。

A. "位图"贴图　　　　　　　　　B. "混合"贴图

C. VRayHDRI 贴图　　　　　　　D. 物理太阳和天空环境

2. 多选题

01. 可以使对象产生自发光效果的方法有（　　）。

A. 制作"VRay 灯光材质"

B. 制作 VRayHDRI 贴图

C. 在 VRayMtl 材质中设置"自发光"颜色与"倍增"值

D. 设置"漫反射"颜色

02. 将材质指定给对象的方法有（　　）。

A. 单击"材质编辑器"窗口中的 按钮

B. 将示例窗拖到对象上

C. 单击"材质编辑器"窗口中的 █ 按钮

D. 单击"材质编辑器"窗口中的 ◎ 按钮

03. 不能使用默认扫描线渲染器渲染的材质与贴图是（　　　）。

A. "多维/子对象"材质　　　　　　　B. "混合"贴图

C. VRay 混合材质　　　　　　　　　D. VRayHDRI 贴图

04. "位图"贴图文件的格式包括（　　　）。

A. .hdr　　　　　　　B. .jpg　　　　　　　C. .bm　　　　　　　D. .tif

3. 实践操作题

打开"素材"/"残破的石墙模型.max"文件，该场景设置了灯光及渲染效果，下面读者自己尝试为该石墙模型制作材质，渲染效果如图 7-67 所示。

操作提示：

为石墙制作"多维/子对象"材质，设置"材质数量"为 2，为 ID1 材质添加"混合"贴图，颜色#1 贴图为"Grydirt2.jpg"，颜色#2 贴图为"草地.jpg"，"混合量"贴图为"Dryleave.jpg"，为 ID2 材质添加"混合"贴图，颜色#1 贴图为"Grydirt2.jpg"，颜色#2 贴图为"草地.jpg"，"混合量"贴图为"Sand3.jpg"。

为地面制作 VRayMtl 材质，为"漫反射"添加"混合"贴图，颜色#1 贴图为"Evgreen.jpg"，颜色#2 贴图为"Grydirt2.jpg"，"混合量"贴图为"Dryleave.jpg"，为 ID2 材质添加"混合"贴图，颜色#1 贴图为"Grydirt2.jpg"，颜色#2 贴图为"草地.jpg"，"混合量"贴图为"Sand3.jpg"。

图 7-67　石墙模型材质的渲染效果

三维场景照明——设置照明系统

第 8 章

⬇ 工作任务分析

本任务主要学习 3ds Max 三维设计中照明系统的相关知识，让学生学会三维场景照明系统的设置方法和技巧，掌握更多 3ds Max 三维设计知识。

⬇ 知识学习目标

- 掌握目标灯光的设置方法。
- 掌握（VR）灯光的设置方法。
- 掌握（VR）光域网灯光的设置方法。
- 掌握（VR）太阳的设置方法。

⬇ 技能实践目标

- 能够为不同场景设置照明系统。
- 能够设置不同时段的照明系统。

照明系统是 3ds Max 三维设计中的重要内容，如果三维场景中没有照明系统，那么即使再好的三维场景也无法显现，因此，掌握三维场景中照明系统的设置方法是学好 3ds Max 三维设计的关键。

8.1 关于照明

照明是指通过光对物体或环境进行照射，使人们可以看清楚物体或者环境。在现实生活中，照明分为两种：一种是自然光照明，如太阳光和天光（环境光）照明；另一种是人工光照明，也就是人为设置的各种照明设备照明。照明在人们的生活中必不可少。

8.1.1　3ds Max 默认照明系统与设置照明系统的意义

在 3ds Max 三维设计中，通常通过在场景中设置照明系统来模拟现实环境，呈现不一样的三维场景照明效果。本节来了解 3ds Max 默认照明系统与设置照明系统的意义。

课堂讲解——默认照明系统与设置照明系统的意义

在默认设置下，3ds Max 系统采用默认的两个不可见的灯光来照明三维场景，一个灯光位于场景的左上方，而另一个灯光位于场景的右下方，这样用户在场景中创建对象后，这些对象就处在一种光照效果下，这就使得用户能看到对象，但是，这种光照效果缺少层次感。为了能真实模拟现实环境，用户需要重新设置照明系统，而一旦用户设置了照明系统，那么系统默认的照明系统就会被禁用，场景将使用用户设置的照明系统进行照明，如果用户删除设置的照明系统，则系统重新启用默认的照明系统。

设置照明系统的意义在于模拟不同照明下的场景效果，以满足三维场景的设计要求。如图 8-1 所示，图 a 是没有设置照明系统时的三维场景，图 b 是设置照明系统模拟太阳光对三维场景的照明效果，图 c 是设置照明系统模拟自然光对三维场景的照明效果，图 d 是设置照明系统模拟月光对三维场景的照明效果。

图 8-1　不同照明效果对比

8.1.2　影响 3ds Max 照明效果的因素

在现实生活中，当光线到达对象曲面时，曲面会反射这些光线，或至少会反射一些，因此我们才能看到对象。对象的外观取决于到达对象表面的光以及对象材质的属性，如颜色、平滑度和不透明度等，材质可以决定对象的视觉属性。本节来了解影响 3ds Max 照明效果的因素。

课堂讲解——影响 3ds Max 照明效果的因素

3ds Max 是依靠照明系统来模拟现实生活中的灯光照明场景的，但是，灯光照明的效果不尽相同，这主要取决于以下因素。

1. 灯光强度影响照明

在 3ds Max 系统中，灯光强度受照明系统的"倍增"值以及照明系统的颜色的影响，照明系统的"倍增"值越高，颜色越亮（白色），灯光强度就越强，光线照射的对象就越亮，反之，光线照射的对象越暗。

图 8-2 所示是使用"泛光灯"照明场景的效果，灯光颜色均为白色（R：255、G：255、

B：255），图 a 是"倍增"值为 1 时的照明效果，而图 b 是"倍增"值为 0.3 时的照明效果。

2. 灯光光线入射角度影响照明

对象曲面法线相对于光源的角度称为入射角，对象曲面与光源倾斜的越多，曲面接收的光越少，被照射的对象看上去越暗，反之对象接收的光越多，被照射的对象看上去越亮。

3ds Max 使用从灯光对象到该面的一个向量和面法线来计算入射角，当入射角为 0°（也就是光源垂直曲面入射）时，曲面被完全照亮。如果入射角增加，或灯光颜色较暗，则曲面接收的光就越少，曲面就越暗。

例如，在使用灯光照亮灯泡模型时，灯泡与光线垂直的面会呈现高光效果，而与光线成夹角的其他面则较暗，如图 8-3 所示。

图 8-2　灯光强度效果比较　　　　　　　图 8-3　灯光光线入射角度效果

3. 灯光衰减影响照明

在现实生活中，灯光的强度随着距离的加长而减弱，远离光源的对象看起来更暗，距离光源较近的对象看起来更亮，这种效果称为衰减。

在 3ds Max 中，照明系统同样有衰减效果，靠近光源的对象较亮，而远离光源的对象则较暗，这样可以产生逼真的距离与空间效果。如图 8-4 所示，靠枕靠近光源的部分较亮，而远离光源的部分较暗。

4. 反射光与自然光影响照明

在现实生活中，一个对象的反射光可以照亮其他对象。曲面反射光越多，用于照亮其他对象的光就越多。反射光创建的是自然光。自然光具有均匀的强度，并且属于均质漫反射，不具有可辨别的光源和方向。

如图 8-5 所示，A 区黄色箭头指向的是光源的照射效果，而 B 区绿色箭头指向的是反射光，C 区是由反射光创建的自然光。

图 8-4　灯光衰减效果

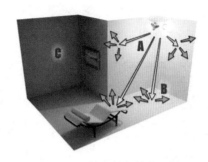

图 8-5　反射光与自然光示例

8.1.3　了解 3ds Max 照明系统的类型

3ds Max 提供了两种类型的照明系统，即"标准"照明系统与"光度学"照明系统。另外，当安装了 V-Ray 渲染器后，还会有 VRay 照明系统，这些照明系统有各自的照明特点，会产生不同的照明效果。下面来了解这些照明系统。

课堂讲解——了解 3ds Max 照明系统的类型

1."标准"照明系统

"标准"照明系统是 3ds Max 系统自带的照明系统，这种照明系统基于计算机的对象，可以模拟如家用或办公室灯光设备、舞台和电影工作者使用的灯光设备以及太阳光本身等的照明效果，共有 6 种不同类型，这 6 种照明系统可用不同的方式投射灯光，用于模拟真实世界中不同类型的光源。

进入"创建"面板，单击 🔘 "灯光"按钮，在其下拉列表中选择"标准"选项，在"对象类型"卷展栏中即可显示这 6 种不同的照明系统，如图 8-6 所示。

2."光度学"照明系统

"光度学"照明系统使用光度学（光能）值使用户可以更精确地定义灯光，就像在真实世界中一样。用户可以设置灯光的分布、强度、色温和其他真实世界中灯光的特性。另外，也可以导入照明制造商的特定光度学文件以便设计基于商用灯光的照明系统。

3ds Max 中的"光度学"照明系统共有 3 种，这 3 种照明系统可用不同的方式投射灯光，用于模拟真实世界中不同类型的光源。进入"创建"面板，单击 🔘 "灯光"按钮，在其下拉列表中选择"光度学"选项，展开"对象类型"卷展栏，即可显示这 3 种照明系统，如图 8-7 所示。

3. VRay 照明系统

VRay 照明系统是 V-Ray 渲染器自带的专用照明系统，有 4 种类型，在与 V-Ray 渲染器专业材质、贴图及阴影类型结合使用时，其照明效果显然要优于 3ds Max 的"标准"照明系统。

进入"创建"面板，单击 💡 "灯光"按钮，在其下拉列表中选择 VRay 选项，展开"对象类型"卷展栏，即可显示这 4 种照明系统，如图 8-8 所示。

图 8-6 "标准"照明系统

图 8-7 "光度学"照明系统

图 8-8 VRay 照明系统

8.2 创建照明系统

由于目前普遍使用 V-Ray 渲染器来渲染 3ds Max 三维场景，从实用角度出发，本节我们主要讲解 V-Ray 渲染器所支持的且较常使用的照明系统以及"光度学"照明系统中的"目标灯光"系统的创建及应用技巧，其他照明系统在此不做讲解。

8.2.1 创建"目标灯光"系统

"目标灯光"是"光度学"照明系统，可以模拟真实世界中不同功率（如 40W、1000W 等）的灯泡的照明效果进行整体照明。另外，用户也可以添加光域网文件，创建局部照明效果，下面我们就来讲解"目标灯光"系统的创建方法。

课堂讲解——创建"目标灯光"系统

在默认设置下，"目标灯光"类型为"统一球形"，该类型可以产生整体照明效果。所谓整体照明，是指照明系统对场景进行全局照明，产生一种类似于自然光的照明效果。

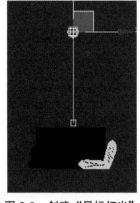

图 8-9 创建"目标灯光"
对象并调整位置

（1）打开"素材"/"沙发与坐垫.max"文件，进入"创建"面板，单击 💡 "灯光"按钮，在其下拉列表中选择"光度学"选项，在"对象类型"卷展栏中单击 目标灯光 按钮，在前视图沙发上方拖曳鼠标即可创建一个"目标灯光"对象，在顶视图中将其调整到沙发上方，如图 8-9 所示。

（2）进入"修改"面板，在"常规参数"卷展栏下选中"阴影"单选按钮，并选择阴影类型为"VRay 阴影"，在"强度/颜色/衰减"卷展栏的"颜色"选项组中选中"开尔文"单选按钮，并设置其参数为 3000，使其色调偏冷。

用户可以在"模板"卷展栏的"（选择模板）"下拉列表中选择灯具模板，以模拟不同灯具的照明效果，如图 8-10 所示。另外，用户也可以选中第 1 个单选按钮，在其下拉列表中选择某一种类型的灯具作为"目标灯光"，如图 8-11 所示。

图 8-10　选择灯具模板　　　　　　　　　　图 8-11　选择灯具

（3）在"强度"选项组中选中 cd 单选按钮，设置其参数值为 500000（灯光的强度），按 F9 键快速渲染场景，发现场景被全部照亮，并且亮度较亮，效果如图 8-12 所示。

（4）修改"强度"选项组中 cd 的参数值为 100000，按 F9 键快速渲染场景，发现场景被全部照亮，而亮度较暗，效果如图 8-13 所示。

图 8-12　强度为 500000 时的场景照明效果　　　　图 8-13　强度为 100000 时的场景照明效果

（5）展开"图形/区域阴影"卷展栏，设置阴影的类型，展开"阴影参数"及"VRay 阴影参数"卷展栏，设置阴影的参数，如图 8-14 所示。

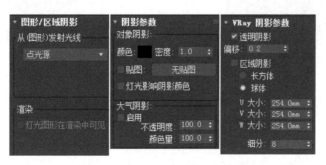

图 8-14　设置阴影的类型及参数

8.2.2　课堂实训——"目标灯光"局部照明效果

局部照明是指针对某一个局部进行照明，这类照明系统在场景中往往起到营造环境气氛、调节灯光的作用，其使用的灯具一般有射灯、壁灯等。

打开"素材"/"欧式皮质软包沙发.max"文件，按 F9 键快速渲染场景，发现场景中包括一款欧式皮质沙发，吊顶位置有射灯，但没有灯光效果，如图 8-15 所示。下面我们来为该场景设置"目标灯光"以创建射灯局部照明效果，如图 8-16 所示。

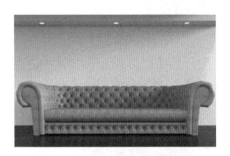

图 8-15　欧式皮质沙发场景效果

图 8-16　射灯局部照明效果

操作步骤

（1）单击 目标灯光 按钮，在前视图吊顶射灯的下方拖曳鼠标创建一个"目标灯光"，在顶视图中将其调整到吊顶的中间射灯位置，如图 8-17 所示。

（2）进入"修改"面板，在"常规参数"卷展栏的"灯光分布（类型）"下拉列表中选择"光度学 Web"类型，单击"分布：光度学 Web"卷展栏中的 < 选择光度学文件 > 按钮，选择"贴图"目录下的 5.IES 文件，为"目标灯光"添加一个光度学文件。

（3）在"强度/颜色/衰减"卷展栏的"颜色"选项组的下拉列表中选择"HID 水晶金属卤化物灯（冷色调）"灯具，在"强度"选项组中选中 lm 单选按钮，并设置其参数值为 600，其他参数采用默认设置，按 F9 键快速渲染场景，效果如图 8-18 所示。

（4）在顶视图中将"目标灯光"克隆两个并调整到两边射灯位置，完成室内射灯照明的设置。

图 8-17　调整"目标灯光"的位置

图 8-18　"目标灯光"的渲染效果

8.2.3　课堂实训——"（VR）灯光"自然光照明效果

"（VR）灯光"有 5 种类型，可以通过模拟点光源和面光源来模拟自然光及人工光等各种灯光效果。

解压缩"素材"/"客厅.zip"压缩包，打开"客厅.max"文件，这是一个制作了材质并进行了渲染设置的室内客厅场景，下面使用"（VR）灯光"的"平面"类型模拟自然光对该场景的照明效果。自然光一般是指天光，这种光比较柔和，可以真实地模拟现实世界中的自然光效果。

操作步骤

（1）在"创建"面板中单击 💡 "灯光"按钮，在其下拉列表中选择 VRay 选项，在"对象类型"卷展栏中单击 （VR）灯光 按钮，在左视图中沿房间窗户大小拖曳鼠标创建"（VR）灯光"，在前视图中沿 Y 轴调整灯光到窗户附近，如图 8-19 所示。

（2）进入"修改"面板，在"常规"卷展栏中设置灯光的开关、类型（有"平面""球体""穹顶""网格""圆形"5 种类型，用于显示 5 种不同的图标与照明效果），在"倍增"输入框中设置灯光的强度，在"模式"下拉列表中设置灯光的颜色等，如图 8-20 所示。

（3）展开"选项"卷展栏，设置灯光的阴影、衰减等，勾选"双面"复选框，则灯光两面都发光，勾选"不可见"复选框，则灯光图标不可见，单击"排除"按钮，可以将对象排除在照明之外，如图 8-21 所示。

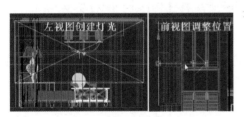

图 8-19 创建"（VR）灯光"

图 8-20 "常规"卷展栏

图 8-21 "选项"卷展栏

（4）在"常规"卷展栏中取消勾选"纹理"复选框，设置"倍增"为 3，在"选项"卷展栏中勾选"不可见"复选框，其他参数采用默认设置，按 F9 键快速渲染场景。

（5）通过渲染发现，整体光感效果不错，但是缺少层次感。V-Ray 渲染器具有校正控制功能，可以对渲染图进行颜色校正，调整其曝光、白平衡、色相/饱和度等参数，使渲染效果更出色。单击"V-Ray 帧缓冲区"对话框左下角的 ▣ "显示校正控制"按钮打开校正控制面板，如图 8-22 所示。

（6）勾选"曝光"复选框并将其展开，设置"曝光"为-0.4、"高光加深"为 1、"对比度"为 0.55，其他参数采用默认设置，此时渲染效果如图 8-23 所示。

图 8-22 校正控制面板

图 8-23 校正后的渲染效果

8.2.4 课堂实训——"（VR）灯光"人工光照明效果

所谓人工光是指人为设置的照明设备（如吊灯、台灯、壁灯等）对场景的照明效果。下面使用"（VR）灯光"的"球体"类型模拟客厅吊灯的照明效果。

操作步骤

（1）继续 8.2.3 节案例的操作，删除窗户位置的"（VR）灯光"，在"环境和效果"窗口中取消背景贴图。

（2）选择吊灯灯罩对象，按 M 键打开"材质编辑器"窗口，找到吊灯灯罩的示例窗，这是一个"多维/子对象"材质，进入 ID2 材质层级，修改"自发光"颜色为白色（R：255、G：255、B：255）、"倍增"为 10，其他参数采用默认设置。

（3）单击 （VR）灯光 按钮，在"常规"卷展栏的"类型"下拉列表中选择"球体"类型，在顶视图吊灯位置拖曳鼠标创建一个球形灯，在前视图中将其向上移动到吊灯位置。

图 8-24 人工光照明效果

（4）在"修改"面板中设置"半径"为 500mm、"倍增"为 2.5，在"选项"卷展栏中勾选"不可见"复选框，其他参数采用默认设置，按 F9 键快速渲染场景。

（5）渲染完成后打开校正控制面板，勾选"曝光"复选框并将其展开，设置"曝光"为 0、"高光加深"为 1、"对比度"为 0.5，其他参数采用默认设置，此时照明效果如图 8-24 所示。

📋 **小贴士：**

"（VR）灯光"除了上述讲解的两种类型，还有"穹顶""网格""圆形"3 种类型，这 3 种类型的灯光的使用方法和设置基本相同，其中，"穹顶"类型是一种半球形灯光，常用于创建室外环境照明效果，以模拟天光照明效果。

8.2.5 课堂实训——"（VR）光域网"局部照明效果

"（VR）光域网"与"光度学"照明系统中的"目标灯光"非常相似，在不使用光域网文件时就是一个点光源，当使用了光域网文件后，可以用于局部照明，模拟射灯、筒灯等氛围灯的照明效果，其参数比"光度学"照明系统中的"目标灯光"的参数更多，但大多数参数采用默认设置即可。

单击 （VR）光域网 按钮，在视图中拖曳鼠标创建"（VR）光域网"，进入"修改"面板，展开"VRay 光域网（IES）参数"卷展栏，设置参数或添加光域网文件，如图 8-25 所示。

下面使用"（VR）光域网"来模拟客厅吊顶筒灯与台灯的局部照明效果。

操作步骤

（1）继续 8.2.4 节案例的操作，关闭客厅中的"（VR）灯光"，按 M 键打开"材质编辑器"

窗口，选择吊灯灯罩的示例窗，将其"自发光"颜色重新设置为黑色。

（2）单击 (VR)光域网 按钮，在前视图中拖曳鼠标创建"（VR）光域网"，在顶视图中将其移动到吊顶的中间筒灯位置，如图8-26所示。

图8-25 "VRay 光域网（IES）参数"卷展栏

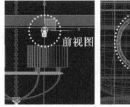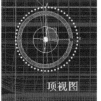

图8-26 "（VR）光域网"的位置

（3）进入"修改"面板，展开"VRay 光域网（IES）参数"卷展栏，单击"IES 文件"按钮，选择"贴图"/"5.IES"光域网文件。

（4）在"颜色模式"下拉列表中选择"温度"选项，设置"色温"为6000、"强度值"为300，然后选择"强度类型"为"强度"，其他参数采用默认设置。

（5）在顶视图中将该照明系统以"实例"方式复制到吊顶其他两个筒灯位置，按F9键快速渲染场景，渲染完成后打开校正控制面板，勾选"曝光"复选框，设置"曝光"为1、"高光加深"为1、"对比度"为0.45，效果如图8-27所示。

下面继续使用"光度学"照明系统中的"目标灯光"为台灯设置灯光。

图8-27 筒灯照明效果

（6）进入"光度学"照明系统，单击 目标灯光 按钮，在前视图台灯位置拖曳鼠标创建一个"目标灯光"，在顶视图中将其移动到台灯位置。

（7）在"修改"面板中启用"阴影"与"使用全局设置"选项，并设置阴影类型为"VRay阴影"，在"灯光分布"下拉列表中选择"聚光灯"选项，在"分布"卷展栏中设置"聚光区/光束"为8.0、"衰减区/区域"为100，使灯光产生衰减效果。

（8）继续在"强度/颜色/衰减"卷展栏的"颜色"选项组中选中"开尔文"单选按钮，设置其参数值为5000，使灯光色调偏暖，在"强度"选项组中选中cd单选按钮，并设置其参数值为1800，其他参数采用默认设置，再次按F9键快速渲染场景，效果如图8-28所示。

（9）打开被关闭的"（VR）灯光"，修改其"倍增"为0.3，其他参数采用默认设置，再次按F9键快速渲染场景，效果如图8-29所示。

图 8-28　台灯与筒灯照明效果

图 8-29　"（VR）光域网"局部照明效果

8.2.6　课堂实训——"（VR）太阳"照明效果

"（VR）太阳"可以模拟太阳光的照明效果，其创建方法与"目标灯光"的创建方法相同，本节使用"（VR）太阳"模拟室内太阳光照明效果。

在 VRay 照明系统的"对象类型"卷展栏中单击 （VR）太阳 按钮，在视图中拖曳鼠标创建"（VR）太阳"，此时会弹出"V-Ray 太阳"对话框，询问是否添加"VRay 天空"环境贴图，如图 8-30 所示。

单击"是"按钮，如果此时场景中有背景贴图，则会弹出"V-Ray 天空"对话框，询问是否替换贴图，如图 8-31 所示。

图 8-30　"V-Ray 太阳"对话框

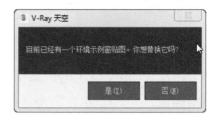

图 8-31　"V-Ray 天空"对话框

单击"是"按钮，将原有背景贴图替换，进入"修改"面板，展开"VRay 太阳参数"卷展栏，该卷展栏的参数比较多，但大多数参数直接采用默认设置即可，如图 8-32 所示。

下面我们使用"（VR）太阳"模拟太阳光直接照射进客厅的照明效果，讲解"（VR）太阳"的使用方法和技巧。

操作步骤

（1）继续 8.2.5 节案例的操作，将客厅场景中的所有照明系统全部删除。

（2）在顶视图窗户位置水平向右拖曳鼠标创建一个"（VR）太阳"，在弹出的"V-Ray 太阳"对话框中单击"是"按钮添加"VRay 天空"环境贴图，然后在前视图中调整太阳光的高度，使太阳光以斜射的方式由窗户直接照射进客厅，如图 8-33 所示。

（3）按 F9 键快速渲染场景，发现场景已完全曝光，执行"渲染"/"曝光控制"命令，在打开的"环境和效果"窗口中展开"曝光控制"卷展栏，在其下拉列表中选择"VRay 曝光控制"选项，然后关闭该对话框。

图 8-32 "VRay 太阳参数"卷展栏

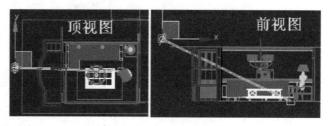

图 8-33 太阳光的位置

（4）再次按 F9 键快速渲染场景，发现一束光线从窗户射入客厅，但客厅整体光线太暗，效果欠佳，如图 8-34 所示。

（5）展开"VRay 太阳参数"卷展栏，设置"大小倍增"为 5、"光子发射半径"为 200，其他参数采用默认设置，再次按 F9 键快速渲染场景，渲染完成后打开校正控制面板，勾选"曝光"复选框并将其展开，设置"高光"与"高光加深"均为 1、"对比度"为 0.45，效果如图 8-35 所示。

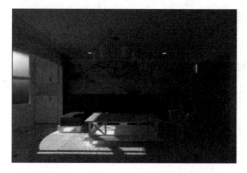

图 8-34 "（VR）太阳"照明效果

图 8-35 调整后的"（VR）太阳"照明效果

📋 小贴士：

在"VRay 太阳参数"卷展栏中通过设置"强度倍增"可以调整灯光的强度，设置"大小倍增"可以调整投影的虚实，其值越大投影越虚，反之，投影越实，而设置"光子发射半径"可以控制太阳光的照射范围，其值越大，太阳光的照射范围越大，反之，照射范围越小。

8.3 综合实训——设置客厅照明系统

解压缩"素材"/"客厅 01.zip"压缩包，打开"客厅 01.max"文件，这是一个制作了材质，但没有设置照明系统的客厅的三维场景，本节我们就来为该场景设置自然光和人工光照明系统，对前面章节所学知识进行综合巩固练习，效果如图 8-36 所示。

图 8-36　客厅照明效果

8.3.1　设置客厅自然光照明效果

自然光照明一般是指在没有太阳光直射，也没有开启室内照明设备的情况下，依靠自然光对场景进行照明，本节我们就来设置客厅自然光照明效果，如图 8-37 所示。

图 8-37　客厅自然光照明效果

详细操作步骤见配套教学资源中的视频讲解。

8.3.2　设置客厅夜晚人工主光源照明效果

人工光照明一般是指打开人为设置的照明系统对场景进行照明。人工光照明有两种情况：一种是使用主光源照明；另一种是使用辅助光源照明。本节我们来设置客厅夜晚人工主光源（吊灯）照明效果，如图 8-38 所示。

图 8-38　客厅夜晚人工主光源（吊灯）照明效果

详细操作步骤见配套教学资源中的视频讲解。

8.3.3 设置客厅夜晚人工辅助光源照明效果

辅助光源主要是指室内的一些壁灯、吊顶暗藏灯管及筒灯等照明设备所发出的光源，本节我们来设置这些辅助光源的照明效果，如图8-39所示。

图8-39 客厅夜晚人工辅助光源照明效果

详细操作步骤见配套教学资源中的视频讲解。

知识巩固与能力拓展

1. 单选题

01. 可以自动添加背景贴图的照明系统是（　　）。

　　A.（VR）灯光　　　　　　　　　B.（VR）太阳

　　C. 目标聚光灯　　　　　　　　　D.（VR）环境灯光

02. 可以两面发光的照明系统是（　　）。

　　A.（VR）灯光　　　　　　　　　B.（VR）太阳

　　C.（VR）环境灯光　　　　　　　D. 泛光

03. "目标灯光"属于（　　）照明系统。

　　A. 光度学　　　　B. 标准　　　　C. VRay

04. "球体"灯光属于（　　）照明系统中的一种类型。

　　A.（VR）太阳　　　　　　　　　B.（VR）灯光

　　C.（VR）环境灯光　　　　　　　D. 光度学

2. 多选题

01. "目标灯光"与"（VR）光域网"的共同点是（　　）。

　　A. 都可以使用光域网文件　　　　B. 都可以模拟射灯照明效果

　　C. 都可以产生阴影　　　　　　　D. 都属于"光度学"照明系统

02. 可以使用光度学文件的照明系统有（　　）。

　　A. 目标灯光　　　　　　　　　　B.（VR）太阳

　　C.（VR）光域网　　　　　　　　D. 目标聚光灯

03.（VR）灯光包含（　　）类型。

    A. 平面　　　　　　B. 穹顶　　　　　　C. 球体　　　　　　　D. 圆形

04. 可以模拟射灯照明效果的照明系统有（　　　）。

    A. 目标灯光　　　B. （VR）光域网　　C. （VR）太阳　　　　　D. 目标聚光灯

3. 实践操作题

解压缩"素材"/"小客厅.zip"压缩包，打开场景文件，自己尝试为该场景设置天光照明和太阳光照明效果，如图 8-40 所示。

图 8-40　小客厅照明效果

三维场景的输出——摄像机与渲染 第9章

↓ 工作任务分析

本任务主要学习 3ds Max 三维设计中摄像机的设置以及三维场景的渲染等知识，让学生掌握输出三维场景的方法和技巧。

↓ 知识学习目标

- 掌握摄像机的参数设置方法。
- 掌握摄像机的操作方法。
- 掌握三维场景的渲染方法。
- 掌握三维场景的输出方法。

↓ 技能实践目标

- 能够为三维场景设置不同视角的摄像机。
- 能够将不同三维场景进行渲染、输出。

在 3ds Max 三维设计中，渲染、输出是三维设计的最后环节，也是最关键的环节，只有通过渲染、输出，才能将三维场景效果展示在人们面前。

在渲染、输出三维场景时，当摄像机获取需要渲染的范围之后，系统要计算三维场景中每个主光源以及大量辅助光源对场景对象的影响，这与现实生活中是一样的，这样我们就会得到一个完美的三维场景效果。

9.1 关于三维场景中的摄像机

3ds Max 系统中的摄像机与现实生活中的摄像机的原理相同，可以替换镜头，调整焦距、视野等。在 3ds Max 三维场景中，摄像机就像用户的眼睛，用于观察场景，确定三维场景的画面构图等。一个三维场景可以设置多个摄像机，呈现不同视角的画面。本节讲解三维场景中摄像机的相关知识。

9.1.1 了解 3ds Max 系统中摄像机的类型

3ds Max 系统自带 3 种类型的摄像机，分别是"目标"摄像机、"自由"摄像机及"物理"摄像机，安装 V-Ray 渲染器后，还会增加"（VR）穹顶摄像机"与"（VR）物理摄像机"。

课堂讲解——"目标"摄像机的参数设置

在"创建"面板中单击 "摄像机"按钮，在其下拉列表中选择"标准"选项，即可显示 3ds Max 系统提供的 3 种摄像机，如果在下拉列表中选择 VRay 选项，则显示 V-Ray 渲染器支持的两种摄像机，如图 9-1 所示。

图 9-1 "标准"摄像机与 VRay 摄像机

1. "标准"摄像机

"标准"摄像机包括"目标"摄像机、"自由"摄像机及"物理"摄像机。

而"目标"摄像机包括"摄像机"和"目标"两部分，用于观察目标点附近的场景内容，易于定位，用户可以直接将目标点移动到需要的位置上。另外，"目标"摄像机的"摄像机"和"目标"都可以设置动画。

而"自由"摄像机用于观察其所指方向内的场景内容，多应用于轨迹动画，在视图中只能进行整体控制，能够随着路径的变化而变化。例如，室内巡游、室外鸟瞰、走迷宫、车辆跟踪等动画。

"物理"摄像机与现实生活中的单反相机一样，可以直接用来调节场景的整体曝光度，实现景深或者运动模糊的特效，另外可以配合大气效果中的"雾"效果实现雾等自然景观特效。

2. VRay 摄像机

VRay 摄像机包括"（VR）穹顶摄像机"与"（VR）物理摄像机"。其中，"（VR）物理摄像机"与"标准"摄像机中的"物理"摄像机相似，都可以直接用来调节场景的整体曝光度，实现景深或者运动模糊的特效。

9.1.2 "目标"摄像机的操作与控制

摄像机的创建非常简单，根据摄像机类型的不同，通过拖曳或者单击鼠标即可创建摄像机，本节主要讲解"目标"摄像机的操作与控制知识，其他摄像机与此相同，不再赘述。

课堂讲解——"目标"摄像机的操作与控制

1. 创建摄像机视图

摄像机视图是指创建了摄像机的视图，这种视图的视觉由摄像机来控制，其观察范围要远大于一般视图的观察范围。

（1）打开"素材"/"办公椅.max"文件，在顶视图中拖曳鼠标创建"目标"摄像机，如图 9-2 所示。

（2）激活透视图，按 C 键将其转换为摄像机视图，此时视图控制区中的部分按钮显示为摄像机视图控制按钮,如图9-3所示。

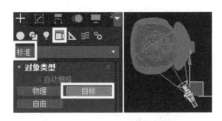

图9-2 创建"目标"摄像机

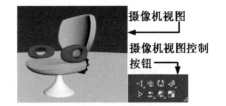

图9-3 摄像机视图与摄像机视图控制按钮

使用这些按钮,可以实现对摄像机视图的控制。例如,调整摄像机视图的透视效果、侧滚摄像机视图、平移摄像机视图、环游/摇移摄像机视图以及设置仰视或鸟瞰效果等。

2. 移动"目标"摄像机

当摄像机视图处于激活状态时,视图控制区中的 "缩放"按钮被 "推拉摄像机"、 "推拉目标"和 "推拉摄像机+目标"按钮替代,使用这些按钮可以沿着摄像机的主轴移动摄像机或其目标,移向或移离摄像机所指的方向。

(1)单击 "推拉摄像机"按钮,在摄像机视图中向上拖曳鼠标,摄像机移向目标,镜头被拉近,向下拖曳鼠标,摄像机移离目标,镜头被拉远,如图9-4所示。

(2)单击 "推拉目标"按钮,在摄像机视图中向上拖曳鼠标,目标移离摄像机,继续向下拖曳鼠标,目标移向摄像机,如图9-5所示。

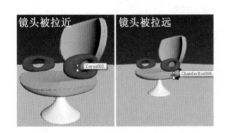

图9-4 推拉摄像机

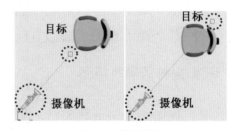

图9-5 推拉目标

📋 小贴士:

如果将目标推拉到摄像机的另一侧,摄像机视图将在此翻转。然而,更改目标到摄像机的相对位置将影响其他调整。例如,在环游摄像机时,可将目标作为其旋转的轴点。

(3)单击 "推拉摄像机+目标"按钮,在摄像机视图中向上拖曳鼠标,目标和摄像机移向场景,镜头被拉近,向下拖曳鼠标,目标和摄像机移离场景,镜头被拉远,如图9-6所示。

3. 调整摄像机视图的透视效果

当摄像机视图处于激活状态时,视图控制区中的 "缩放所有视图"按钮被 "透视"按钮替代,此时可以调整摄像机视图的透视效果。

单击 "透视" 按钮，在摄像机视图中向上拖曳鼠标，摄像机移向目标，扩大 FOV（镜头所覆盖的范围）以及增加透视张角量，向下拖曳鼠标，摄像机移离目标，缩小 FOV 以及减少透视张角量，如图 9-7 所示。

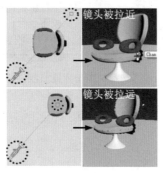
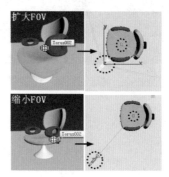

图 9-6　推拉摄像机+目标　　　　　　　图 9-7　调整摄像机视图的透视效果

4. 侧滚摄像机视图

当摄像机视图处于激活状态时，视图控制区中的 "最大化显示选定对象" 按钮被 "侧滚摄像机" 按钮替代，此时水平拖动鼠标以侧滚摄像机，使目标摄像机围绕其自身视线进行旋转，使 "自由" 摄像机围绕其局部 Z 轴进行旋转，如图 9-8 所示。

5. 平移摄像机视图

当摄像机视图处于激活状态时，"平移视图" 按钮被 "平移摄像机" 按钮替代，使用该按钮可以沿着平行于视图平面的方向移动摄像机，如图 9-9 所示。

6. 环游/摇移摄像机视图

当摄像机视图处于激活状态时，"环绕" 按钮被 "环游摄像机" 按钮和 "摇移摄像机" 按钮替代，单击 "环游摄像机" 按钮，水平拖动鼠标可围绕目标旋转摄像机，单击 "摇移摄像机" 按钮，水平拖动鼠标可围绕摄像机旋转目标，如图 9-10 所示。

小贴士：

按住 Shift 键并水平拖动鼠标，可将视图旋转锁定为围绕世界 Y 轴，从而产生水平环游/摇移；按住 Shift 键并垂直拖动鼠标，可将旋转锁定为围绕世界 X 轴，从而产生垂直环游/摇移。

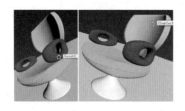
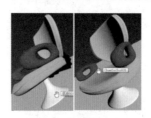
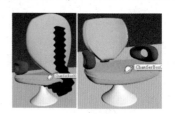

图 9-8　侧滚摄像机　　　　　图 9-9　平移摄像机　　　　　图 9-10　环游摄像机

7．设置仰视或鸟瞰效果

可以使用移动工具调整摄像机和目标，以调整摄像机视图的视角，设置仰视或鸟瞰效果。所谓"鸟瞰"效果，是指像鸟一样在高空向下看到的场景效果，而"仰视"效果是指我们抬起头向高空观看到的效果。鸟瞰一般能很好地观察到场景的全部，常用于表现大型场景的全貌，而仰视能给人高耸的感觉，一般用于表现高大建筑物的高挺、雄伟效果。

在一般情况下，可以直接在前视图或左视图中将摄像机及其目标点垂直向下或向上调整，这就相当于使用   "环游摄像机"按钮垂直调整视图。如图 9-11 所示，左图为仰视效果，右图为鸟瞰效果。

图 9-11　仰视与鸟瞰效果

9.1.3　"目标"摄像机的参数设置

选择"目标"摄像机，进入"修改"面板，展开"参数"卷展栏，设置相关参数，如图 9-12 所示。

图 9-12　"目标"摄像机的"参数"卷展栏

这么多参数，我们到底需要设置哪些呢？其实在实际工作中我们只需设置镜头、视野及剪切平面相关参数，其他参数采用默认设置即可。

课堂讲解——"目标"摄像机的参数设置

打开"素材"/"小客厅.max"室内场景文件，在顶视图中由右下角向左上角拖曳鼠标创建"目标"摄像机，然后将透视图切换为摄像机视图，此时会发现，在摄像机视图中什么也看不到，如图 9-13 所示。

这是因为摄像机的设置问题，下面我们来设置摄像机的参数。

1. 设置镜头与视野

3ds Max 中的"镜头"与我们实际生活中所使用的摄像机的镜头相同，用于呈现场景范围。直接在"镜头"输入框中输入镜头大小，或者单击系统预设的"备用镜头"即可。而"视野"就是摄像机视角，视野变大，则镜头变小，反之，镜头变大。直接在"视野"输入框中输入视野的参数即可。如果勾选"正交投影"复选框，则摄像机将无法从对象内部进行观察，同时不能观察大气效果。

单击"备用镜头"选项组中的 24mm 按钮，为摄像机选择 24mm 的镜头，此时可以看到小客厅的外墙体模型，但还是不能看到室内场景，如图 9-14 所示。

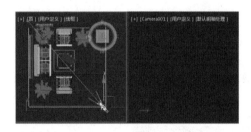

图 9-13　摄像机视图

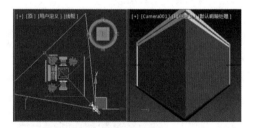

图 9-14　选择镜头后的效果

这是因为此时的摄像机位于室外，镜头只能观察室外场景，要观察室内场景，必须将摄像机放入室内。在顶视图中选择"目标"摄像机，将其移动到室内，此时在摄像机视图中即可看到室内场景，如图 9-15 所示。

在"备用镜头"选项组中分别选择 15mm 和 50mm 的镜头，此时将显示不一样的镜头效果，如图 9-16 所示。

2. 设置剪切平面

每个摄像机都具有"近距剪切"和"远距剪切"平面。通过设置剪切平面，可以设置摄像机的近距离与远距离范围，排除场景中不需要进入镜头的对象。在"剪切平面"选项组中勾选"手动剪切"复选框，在摄像机上显示"近距剪切"和"远距剪切"平面，如图 9-17 所示。

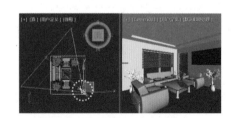

图 9-15　移动摄像机到室内

图 9-16　不同镜头下的室内视觉效果

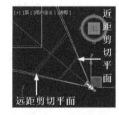

图 9-17　剪切平面

比摄像机的"近距剪切"平面近，或比"远距剪切"平面远的对象是不可视的。当场景模型比摄像机的"远距剪切"平面远时，场景模型不可视。

在顶视图中将摄像机移动到室外，此时在摄像机视图中什么也看不到，这是因为，场景模型比摄像机的"远距剪切"平面远，如图9-18所示。

在"剪切平面"选项组中设置"远距剪切"值，当代表"远距剪切"平面的红线到达场景模型或者超过场景模型时该模型被显示，如图9-19所示。

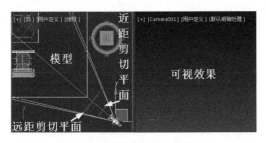

图9-18 剪切平面与可视效果

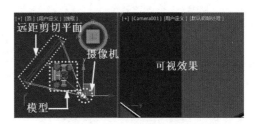

图9-19 远距剪切效果

此时依然无法显示室内场景模型，这同样是因为室内场景模型比"近距剪切"平面远，如图9-20所示。

继续设置"近距剪切"值，当表示"近距剪切"平面的红线进入室内时，即可显示室内场景模型，如图9-21所示。

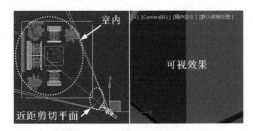

图9-20 近距剪切效果（1）

图9-21 近距剪切效果（2）

除以上相关设置以外，在实际工作中，"目标"摄像机的其他参数设置采用默认即可。

9.2 渲染与渲染设置

渲染场景是3ds Max三维设计中最重要的一个环节，在渲染场景之前首先要进行渲染设置。本节讲解渲染与渲染设置的相关知识。

9.2.1 了解渲染与渲染器

为模型指定材质、贴图以及设置照明系统后，视图只能以默认明暗处理的方式显示这些材质质感和照明效果，只有通过对场景进行着色渲染，才能真实再现模型的材质质感纹理和照明的光影效果。本节来了解渲染与渲染器的相关知识。

课堂讲解——渲染与渲染器

渲染器是渲染场景的一种引擎。3ds Max 包括默认扫描线渲染器、mental ray 渲染器及 VUE 文件渲染器。另外，3ds Max 还可以安装一款外挂的 V-Ray 渲染器。

● 默认扫描线渲染器。

默认扫描线渲染器是 3ds Max 自带的一款最常用的渲染器，该渲染器可以较好地表现场景的光、色及材质纹理等，但不能很好地表现灯光的反射、折射及自然光效果，往往需要在场景中设置较多的灯光来表现反射、折射及自然光效果。该渲染器支持标准材质和标准灯光。

● mental ray 渲染器。

mental ray 渲染器是 3ds Max 自带的一款通用渲染器，与默认扫描线渲染器相比，mental ray 渲染器不需要用户手动设置或通过生成光能传递解决方案来模拟复杂的照明效果，它可以生成灯光效果的物理校正模拟，包括光线跟踪反射和折射、焦散和全局照明效果。该渲染器支持"光度学"照明系统及 mental ray 材质。

● V-Ray 渲染器。

V-Ray 渲染器是一款插件，支持 3ds Max 的大多数功能，同时支持许多第三方的 3ds Max 插件。它不仅可以生成灯光效果的物理校正模拟（包括光线跟踪反射和折射、焦散和全局照明），还支持 HDRI 高动态范围图像作为环境贴图，以及支持包括具有正确纹理坐标控制的"*.hdr"和"*.rad"格式的图像，可以直接映射图像，不需要进行衰减，也不会产生失真，可以很好地表现三维场景的光、色及质感纹理，是目前主流的渲染器。

9.2.2　渲染器与渲染分辨率

在渲染场景时首先要根据场景所使用的材质类型及照明系统类型，选择一款合适的渲染器，同时要根据需要选择渲染方式并设置渲染分辨率，本节讲解相关知识。

课堂讲解——渲染器与渲染分辨率

打开"线架文件"/"第 7 章"/"'多维/子对象'材质——'国粹'之美大瓷碗.max"文件，这是一个制作了 V-Ray 材质并设置了照明系统的三维场景，下面我们就以该场景为例来讲解选择 V-Ray 渲染器以及针对该渲染器选择渲染方式、设置渲染分辨率的相关知识，其他渲染器的设置在此不做讲解。

（1）选择渲染器。按 F10 键或者单击主工具栏中的 "渲染设置"按钮打开"渲染设置"对话框，在"渲染器"下拉列表中选择 V-Ray Next,update 3.1 选项以指定渲染器，如图 9-22 所示。

（2）设置渲染类型。进入"公用"选项卡，展开"公用参数"卷展栏，在"时间输出"选项组中选中"单帧"单选按钮，以输出当前视图的静态图像；如果选中"活动时间段"单选按钮，则可以输出动画场景从第 0 帧到第 100 帧的全部动画；如果选中"范围"单选按钮，则可以通过设置输出范围的帧，输出动画场景中某一时间段的动画，如图 9-23 所示。

图 9-22　选择渲染器

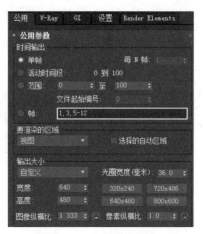

图 9-23　"公用"选项卡

（3）选择渲染方式。在"要渲染的区域"选项组中设置渲染方式，包括"视图""选定对象""区域""裁剪""放大"。选择好渲染方式后，单击"渲染"按钮，会同时打开"渲染"对话框和"V-Ray 帧缓冲区"对话框，如图 9-24 所示。

小贴士：

"渲染"对话框用于在渲染之前对场景进行预处理，同时会显示渲染所用时间。例如，当场景中使用了折射/反射、镜面反射、薄壁折射、光线跟踪、凹凸等贴图后，在渲染之前系统要先对这些贴图进行计算，也就是预处理，预处理完成后，系统再进行最后的渲染，同时会将渲染结果显示在"V-Ray 帧缓冲区"对话框中。单击"渲染"对话框中的 停止 按钮，可以暂时停止渲染；单击 取消 按钮，将取消渲染。

● 选择"视图"渲染方式，系统将对当前视图进行全部渲染，如图 9-25 所示。

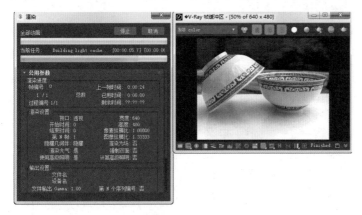

图 9-24　"渲染"对话框与"V-Ray 帧缓冲区"对话框

图 9-25　渲染当前视图

● 选择左边的瓷碗对象，在"要渲染的区域"选项组中选择"选定对象"选项，此时系统只对左边的瓷碗进行渲染。如果选择"区域"选项，则当前场景中出现区域框，拖动区域框上的节点以调整区域框大小，将光标移动到区域框内并移动区域框的位置，再次进行渲染，系统只对该区域框内的图像进行渲染，如图 9-26 所示。选择"裁剪"选项，同样只渲染区域框内的图像，但与"区域"渲染方式不同的是，"裁剪"渲染方式会裁剪掉区域框之外的图像，只渲染并输出区域框之内的图像，如图 9-27 所示。选择"放大"选项，可以将区域框内的图像放大到实际分辨率大小进行渲染，如图 9-28 所示。

图 9-26　"区域"渲染

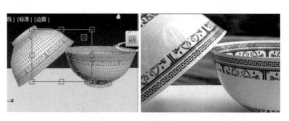

图 9-27　"裁剪"渲染

图 9-28　"放大"渲染

下面继续设置渲染分辨率。分辨率其实就是指渲染、输出的图像的大小，它直接影响渲染、输出后的效果，高分辨率会输出更精细的画面效果，当然也会花费更多的渲染时间。

一般情况下，在测试场景，查看或调试模型材质与场景灯光效果时，可以设置较低的分辨率，当需要最终输出场景时可以设置较高的分辨率，以输出最佳的图像效果。

（4）在"输出大小"选项组中设置渲染分辨率，选择"自定义"选项，然后在"宽度"和"高度"输入框中直接输入输出的宽度和高度，或单击右边的按钮，选择一个系统预设的渲染分辨率，系统将根据该分辨率输出场景。例如，将当前场景以 800px×600px 的分辨率进行输出，则在"宽度"输入框中输入 800，在"高度"输入框中输入 600 即可。

9.2.3　"帧缓冲区"卷展栏

"帧缓冲区"卷展栏用于指定在渲染时所使用的缓冲器，还可以设置出图分辨率等，如图 9-29 所示。

图 9-29　"帧缓冲区"卷展栏

课堂讲解——"帧缓冲区"卷展栏

（1）勾选"启用内置帧缓冲区"复选框，将使用 V-Ray 渲染器内建的帧缓冲器渲染场景，但由于技术原因，3ds Max 的帧缓冲器依旧启用，这样会占用很多内存，此时可以在 3ds Max 的"公用参数"卷展栏中取消勾选"渲染帧窗口"复选框，这样可以减少系统内存的占用。

（2）勾选"内存帧缓冲区"复选框，将创建 V-Ray 渲染器的帧缓冲器，用于存储色彩数据以便于观察渲染效果，如果要渲染较大的场景，建议取消勾选该复选框，这样可以节省内存。

（3）勾选"从 MAX 获取分辨率"复选框，可以在 3ds Max 的常规渲染设置中设置输出图像的大小，如果取消勾选该复选框，则"宽度""高度"输入框被激活，可以在 V-Ray 渲染器的"虚拟帧缓冲"对话框中获取图像的分辨率，其结果与在 3ds Max 的常规渲染设置中设置的出图分辨率相同。

9.2.4 "全局开关"卷展栏

"全局开关"卷展栏用于对渲染器不同特性的全局参数进行控制，包括使用默认灯光、使用反射/折射、使用替代材质等，如图 9-30 所示。

课堂讲解——"全局开关"卷展栏

（1）单击 默认 按钮，可以在"默认""高级""专家"几个模式之间进行切换，一般情况下使用"默认"模式就可以。

图 9-30 "全局开关"卷展栏

（2）勾选"灯光"复选框，将使用场景设置的灯光进行渲染，取消勾选该复选框，将使用 3ds Max 默认灯光进行渲染。

（3）勾选"隐藏灯光"复选框，系统会渲染隐藏灯光的光照效果，取消勾选该复选框，隐藏的灯光不会被渲染。

（4）勾选"覆盖材质"复选框，将使用一个替代材质替代场景模型的材质，由于替代材质不具备任何纹理质感，只是一个灰色材质，因此可以进行快速渲染，从而方便查看灯光效果。当使用替代材质调试好场景灯光后，取消勾选"覆盖材质"复选框，即可使用场景模型自身的材质进行着色渲染。

9.2.5 "图像采样器（抗锯齿）"与"图像过滤器"卷展栏

"图像采样器（抗锯齿）"与"图像过滤器"卷展栏用于选择图像采样器和抗锯齿过滤器，其提供了采样和过滤图像的一种算法，通过这种算法将产生最终的像素数来完成图像的渲染，是渲染场景最主要的设置，如图 9-31 所示。

课堂讲解——"图像采样器（抗锯齿）"与"图像过滤器"卷展栏

V-Ray 渲染器提供了多种图像采样器及抗锯齿过滤器，在"类型"下拉列表中选择图像采样器，有"渐进式"和"渲染块"两种类型。"渐进式"图像采样器可以一次性处理整张图像，"渲染块"图像采样器则使用矩形区域渲染图像。"渲染块"

图 9-31 "图像采样器（抗锯齿）"与"图像过滤器"卷展栏

图像采样器的内存使用效率更高，更适合进行分布式渲染，而"渐进式"图像采样器可以迅速得到整张图像的反馈，在指定时间内渲染整张图像，或者一直渲染到图像足够好为止。

（1）选择"渲染块"图像采样器，在"渲染块图像采样器"卷展栏中设置相关参数，如图 9-32 所示。

最小细分：控制每个像素的最小采样数量，值过大会对极端情况下的细小物体的高光进行更好的探测，否则会出现细小的瑕疵。一般采用默认值即可。

最大细分：控制每个像素的最大采样数量，以减少噪波。

噪波阈值：控制何时停止对像素的采样，较低的数值会得到更少的噪点，图像质量更高，当然，渲染时间会更长。

（2）选择"渐进式"图像采样器，在"渐进式图像采样器"卷展栏中设置相关参数，如图 9-33 所示。

图 9-32　"渲染块图像采样器"卷展栏

图 9-33　"渐进式图像采样器"卷展栏

最小细分：控制每个像素受到采样的下限，实际的采样数量是细分值的平方。

最大细分：控制每个像素受到采样的上限，实际的采样数量是细分值的平方。

渲染时间（分）：渲染时间的上限，以分为单位，这只是最终像素的渲染时间，不包含任何 GI 预采样，如果将该参数值设置为 0，则不限制渲染时间。

噪波阈值：想要图像达到噪点级别，则将其参数值设置为 0。

（3）在"图像过滤器"卷展栏中勾选"图像过滤器"复选框，在"过滤器"下拉列表中选择图像过滤器，如图 9-34 所示。

选择图像过滤器后，会在下方显示其含义和功能，如图 9-35 所示。

图 9-34　选择图像过滤器

图 9-35　图像过滤器的含义和功能

9.2.6　"全局确定性蒙特卡洛"卷展栏

在默认设置下，"全局确定性蒙特卡洛"卷展栏只有 3 个选项，如图 9-36 所示。

图 9-36 "全局确定性蒙特卡洛"卷展栏

课堂讲解——"全局确定性蒙特卡洛"卷展栏

（1）勾选"锁定噪波图案"复选框，对动画的每一个帧强制使用相同的噪点分布形态，如果渲染动画看起来像噪点，则取消勾选该复选框。

（2）如果取消勾选"使用局部细分"复选框，则 V-Ray 渲染器会自动计算着色效果的细分值；如果勾选该复选框，则材质/灯光/GI 引擎可以指定各自的细分值。

（3）单击 默认 按钮进入"高级"模式，显示更多设置，如图 9-37 所示。

图 9-37 "高级"模式

最小采样：控制在允许提前终止算法之前最少要采用几个样本，较高的值会减慢运算速度，但会让提前终止算法更可靠。

自适应数量：控制采样数量与模糊效果的下限数，参数值为 1，意味着完全自适应采样，参数值为 0，意味着不进行自适应采样。

"噪波阈值"：该参数直接影响图像最终的噪点，较小的值会得到较少的噪点、质量更高的图像，但需花费更多的渲染时间，参数值为 0 意味着不进行自适应采样。

9.2.7 "颜色贴图"卷展栏

"颜色贴图"卷展栏用于设置图像最终的色彩转换，在"类型"下拉列表中可以选择需要的类型，下面我们只讲解常用的一些选项，其卷展栏如图 9-38 所示。

课堂讲解——"颜色贴图"卷展栏

图 9-38 "颜色贴图"卷展栏

（1）线性倍增：默认类型，这种类型将基于最终图像色彩的亮度来进行简单的倍增，限制太亮的颜色成分，但是常常会使靠近光源区域的亮度过高。指数：该类型基于亮度使图像颜色更饱和而不限制颜色范围，这对预防曝光效果很有效。

（2）暗部倍增：控制暗色的倍增。

（3）亮部倍增：控制亮色的倍增。

9.2.8 "全局照明"卷展栏

图 9-39 "全局照明"卷展栏

进入"GI"选项卡，展开"全局照明"卷展栏，该卷展栏提供了几种计算间接照明的方法。勾选"启用全局照明（GI）"复选框，将计算场景中的间接照明效果，取消勾选该复选框，将不计算场景中的间接照明效果，如图 9-39 所示。

下面我们只对常用设置进行简单介绍，使用方法将通过实例进行讲解。

课堂讲解——"全局照明"卷展栏

（1）首次引擎：选择初级漫反射反弹的 GI 渲染引擎。选择不同的渲染引擎会弹出相关卷展栏。例如，选择"发光贴图"引擎，则会弹出"发光贴图"卷展栏，设置相关参数即可渲染图像，如图 9-40 所示。

（2）二次引擎：选择二次漫反射反弹的 GI 渲染引擎。选择不同的渲染引擎会弹出相关卷展栏。例如，选择"灯光缓存"引擎，将弹出"灯光缓存"卷展栏，设置相关参数即可渲染图像，如图 9-41 所示。

图 9-40 "发光贴图"卷展栏

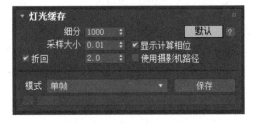

图 9-41 "灯光缓存"卷展栏

下面我们对"发光贴图"卷展栏中的常用设置进行讲解，其他设置不做讲解。

（1）当前预设：选择预设模式，系统提供了 8 种预设模式，用户可以根据具体情况选择不同的模式进行场景的渲染。一般情况下，在测试渲染或调试灯光阶段，可以选择"非常低"模式，该模式只表现场景中的普通照明，因而渲染速度较快，但当调试好灯光等对象，进行渲染出图时，可以选择"高"模式，这是一种高品质的模式，可以对场景中的灯光效果进行精细渲染，但渲染时间较长。一般情况下，用户可以首先使用"高"模式渲染场景的光子图，并将其保存，然后调用光子图进行最后的渲染，这样可以节省很多渲染时间。

（2）单击"默认"按钮选择模式，然后设置相关参数。

细分：该选项决定了单个 GI 样本的品质，较小的参数可以使其渲染速度较快，但场景中可能会出现黑斑，较大的参数将得到较平滑的渲染效果，一般情况下设置为 80 左右即可。

插值采样：用于定义插值计算的 GI 样本数量，值越大越趋向于模糊 GI 细节，值越小细节越光滑，但使用过低的半球光线细分值，最终渲染效果会出现黑斑，一般使用默认值即可。

（3）在"模式"下拉列表中选择使用发光贴图的方法，如图 9-42 所示。

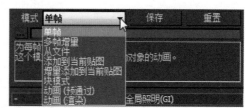

图 9-42　选择使用发光贴图的方法

在渲染静态场景时，可以使用"单帧"模式渲染光子图并将其保存，然后在渲染最终效果时使用"从文件"模式调用保存的光子图进行最后的渲染。

单帧：在该模式下系统对整张图像计算一个单一的发光贴图，每帧都计算新的发光贴图。当使用"单帧"模式时，可以在"渲染结束后"选项组中勾选"自动保存"和"切换到保存的贴图"复选框，然后单击"自动保存"复选框后的 浏览 按钮，将光子图命名并保存，在进行最终渲染时，系统会自动加载保存的光子图进行最终渲染，这是节省渲染时间最有效的方法。

从文件：在最终渲染场景时常用的模式，当使用"单帧"模式渲染并保存光子图后，在最终渲染场景时选择该模式，系统将自动加载保存的光子图，而不必再次计算发光贴图，以较短的时间完成渲染。而在渲染动画场景时使用该模式，在渲染序列的开始帧，渲染器会简单地导入一张保存的光子图，并在动画的所有帧中都使用该光子图，而不会再计算新的发光贴图。

以上主要介绍了 V-Ray 渲染器中常用的一些设置，尽管 V-Ray 渲染器的设置繁多，但是在实际工作中，大多数设置采用默认即可。

9.3 综合实训——渲染、输出简约小客厅

解压缩"素材"/"阳光小客厅.zip"压缩包，打开该场景文件，该场景制作了材质，下面我们来为该场景设置摄像机、照明系统，并渲染、输出该场景早、中、晚 3 个时间段采用不同照明系统照明场景的效果，如图 9-43 所示。

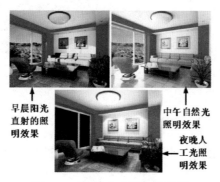

图 9-43　简约小客厅渲染效果

9.3.1　渲染、输出小客厅早晨阳光直射的照明效果

本节来设置小客厅早晨阳光直射的照明效果，我们将其场景设置为早晨八九点钟。这时的太阳光并不是很强，当从窗户斜射进入室内时，被太阳光直射的地面、沙发等对象被照亮，而室内其他对象与区域只受到反射光的影响，因此室内会形成强烈的明暗对比效果，如图9-44所示。

图9-44　小客厅早晨阳光直射的照明效果

详细操作步骤见配套教学资源中的视频讲解。

9.3.2　渲染、输出小客厅中午自然光照明效果

本节设置小客厅中午自然光照明效果。与阳光直射照明不同，自然光是指太阳光并没有直接射入室内，室内依靠周围自然光的照明所形成的光照效果。此时的太阳光较强，周围自然光线充足，自然光从窗户进入室内，会使室内产生较充足的光照，其效果如图9-45所示。

图9-45　小客厅中午自然光照明效果

详细操作步骤见配套教学资源中的视频讲解。

9.3.3　渲染、输出小客厅夜晚人工光照明效果

人工光照明是指依靠室内照明设备（如吊灯和吊顶上的筒灯）进行照明。本节我们就来

设置并渲染、输出小客厅夜晚人工光照明效果，如图9-46所示。

图9-46　小客厅夜晚人工光照明效果

详细操作步骤见配套教学资源中的视频讲解。

知识巩固与能力拓展

1. 单选题

01. 将目标和摄像机移向场景的按钮是（　　）。

    A. ▣ "推拉摄像机＋目标"

    B. ▣ "推拉目标"　　　　　　　　C. ▣ "推拉摄像机"

02. 将透视图切换为摄像机视图的快捷键是（　　）。

    A. A　　　　　　B. C　　　　　　C. B

03. 一个三维场景可以设置（　　）个摄像机。

    A. 1　　　　　　B. 2　　　　　　C. 无数

04. 摄像机包括（　　）两部分。

    A. 摄像机与镜头　　　　　　　B. 摄像机与目标

    C. 摄像机与视角

05. 调整摄像机视图透视效果的按钮是（　　　）。

    A. ▣　　　　　B. ▣　　　　　C. ▣

06. 侧滚摄像机视图的按钮是（　　）。

    A. ▣　　　　　B. ▣　　　　　C. ▣

07. 平移摄像机视图的按钮是（　　　）。

    A. ▣　　　　　B. ▣　　　　　C. ▣

2. 多选题

01. 3ds Max 系统自带的摄像机包括（　　）。

    A. "物理"摄像机　　　　　　　　B. "目标"摄像机

    C. "自由"摄像机

02. V-Ray 摄像机包括（　　　）。

A. "目标" 摄像机　　　　　　　　　B.（VR）穹顶摄像机

C.（VR）物理摄像机　　　　　　　D. "自由" 摄像机

3. 实践操作题

解压缩 "素材" / "阳光小卧室.zip" 压缩包，打开 "阳光小卧室.max" 文件，自己尝试为该场景设置太阳光照明效果，并将该效果进行渲染、输出，如图 9-47 所示。

图 9-47　阳光小卧室渲染效果

三维动态效果表现——动画与粒子系统

工作任务分析

本任务主要学习 3ds Max 三维设计中动画制作与粒子系统的应用等相关知识，进一步激发学生学习三维设计的热情。

知识学习目标

- 掌握三维动画的基础知识。
- 掌握三维动画的制作方法。
- 掌握创建粒子系统的方法。
- 掌握创建空间扭曲对象的方法。

技能实践目标

- 能够创建基本三维动画。
- 能够将三维动画进行渲染、输出。

10.1 三维动画制作基础知识

在 3ds Max 三维设计中，三维动画是不可或缺的内容。本节讲解 3ds Max 三维动画的相关知识。

10.1.1 了解动画及其原理

简单来说，动画就是多张静态图像的连续画面，是视觉的一种反应。例如，快速翻动一本画册，你会发现，画册中原来静止的图像都动了起来，形成连续的画面，这其实就形成了动画。

与静态图像相比，动画更具感染力，它可以从多角度、连续表现多个视觉效果，在影视、广告、游戏、建筑表现、企业宣传等多个方面都有应用。在 3ds Max 中，动画其实就是将多张静态图像连续显示，形成动态图像的效果。

10.1.2 动画的帧速率、时间与配置

1. 帧速率

动画的每一幅画面被称为"帧"，"帧速率"是指动画每秒播放的画面数，其单位是"帧/每秒"（FPS）。

医学研究表明，人眼的视觉残留时间大约是 1/24 秒，也就是说，当我们看一个物体时，我们的视觉会对该物体有一个短暂的停留，其停留时间是 1/24 秒。根据这一原理，在一般的影视制作中，采用 24FPS 的帧速率，而在高清影视制作中，则采用 48FPS 的帧速率，画面会更加细腻流畅。

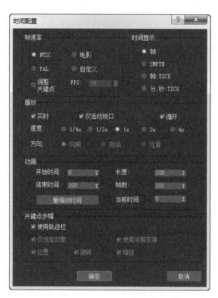

图 10-1 "时间配置"对话框

2. 时间

"时间"是指动画的播放时长，短则几秒，长则十几、几十分钟甚至几小时不等，这取决于动画的播放要求。

3. 动画配置

动画配置是指配置动画的帧速率、时间等相关设置。在 3ds Max 动画控制区中单击 "时间配置" 按钮，打开 "时间配置" 对话框，如图 10-1 所示。

在"帧速率"选项组中选择动画的帧速率，其中，NTSC 与 PAL 是电视信号制式，一般为 30FPS 或 25FPA，而"电影"是电影信号制式，选中"自定义"单选按钮，在下方的 FPS 输入框中输入相关值，可自定义信号制式。

在"时间显示"选项组中选择动画播放时间的显示单位，有"帧""SMPTE""帧:TICK""分:秒:TICK"，一般选择"帧"即可。

在"播放"选项组中选择播放速率，在"速度"选项后选择播放的速度，取消勾选"实时"复选框，则"方向"选项被激活，可以选择动画的播放方向。

在"动画"选项组中设置动画播放时长，在"开始时间"输入框中设置动画的开始时间，在"结束时间"输入框中设置动画的结束时间。在"长度"和"帧数"输入框中设置动画的总长度与总帧数，这两个输入框相互关联。

在"关键点步幅"选项组中控制关键帧之间的移动。

配置好动画的帧速率、播放时间等参数之后，单击 确定 按钮关闭该对话框，在界面下方的"动画时间帧"窗口中将显示动画时长。图 10-2 所示是设置动画时长为 120 帧的效果。

图 10-2 设置动画时长

10.1.3 轨迹视图与"曲线编辑器"窗口

"轨迹视图"是制作动画不可缺少的利器。使用"轨迹视图"不仅可以对动画关键帧的操作进行调整，还可以直接创建对象的动画效果，同时对动画的开始时间、持续时间及运动状态都可以进行调整。总之，使用"轨迹视图"可以对动画场景的每个方面进行精确控制。

单击时间轴左端的"打开迷你曲线编辑器"按钮，打开"轨迹视图-曲线编辑器"窗口，如图 10-3 所示。

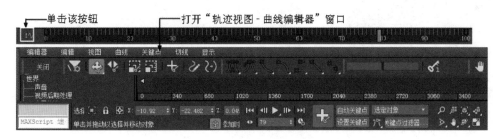

图 10-3 "轨迹视图-曲线编辑器"窗口

📋 **小贴士：**

选择"图形编辑器"菜单栏中的"轨迹视图-曲线编辑器"命令，或者右击对象并在弹出的快捷菜单中选择"曲线编辑器"命令，或者单击主工具栏中的🔲"曲线编辑器"按钮，打开"轨迹视图-曲线编辑器"窗口。另外，除了"轨迹视图-曲线编辑器"窗口模式，还有一种"轨迹视图-摄影表"窗口模式，在"轨迹视图-曲线编辑器"窗口中可以通过编辑关键点的切线控制中间的帧，而"轨迹视图-摄影表"窗口则将动画显示为方框栅格上的关键点和范围，允许用户调整动画运动的时间，在"轨迹视图-曲线编辑器"窗口中选择"编辑器"/"摄影表"命令，则可以将"轨迹视图-曲线编辑器"窗口切换为"轨迹视图-摄影表"窗口，如图 10-4 所示。

图 10-4 "轨迹视图-摄影表"窗口

下面我们通过创建一个简单的动画，学习"轨迹视图-曲线编辑器"窗口在动画编辑中的应用方法和技巧。

课堂实训——创建篮球跳跃动画

（1）打开"素材"/"打篮球.max"文件，然后打开"时间配置"对话框，设置 FPS 为 30FPS，动画的"结束时间"为第 100 帧，其他参数采用默认设置。

（2）按 N 键启动"自动关键点"功能自动记录关键帧，将时间滑块拖到第 10 帧位置，在

透视图中将篮球沿 Z 轴向上移动使其离开地面，如图 10-5 所示。

（3）将时间滑块拖到第 20 帧位置，将篮球沿 Z 轴向下移动使其与地面接触，再将时间滑块拖到第 30 帧位置，将篮球沿 Z 轴向上移动使其离开地面。

（4）按照上述方法依次沿 Z 轴移动篮球，使其在第 40、60、80 和 100 帧位置与地面接触，在第 50、70 和 90 帧位置离开地面，这样系统会自动在这些帧位置添加关键帧，形成关键帧动画，如图 10-6 所示。

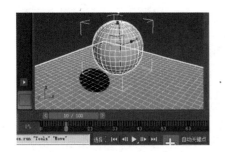

图 10-5　调整篮球的高度

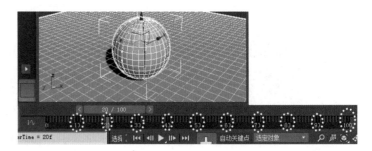

图 10-6　记录关键帧

（5）按 N 键关闭"自动关键点"功能，单击动画控制区中的"播放动画"按钮播放动画。

通过播放动画可以发现，篮球在地面上上下跳动不停，但是每次弹起的高度都不同，落下的位置也不同，这是因为在设置动画时，每帧移动篮球的高度和位置都不一样，我们可以在"轨迹视图-曲线编辑器"窗口中进行调整。

（6）打开"轨迹视图-曲线编辑器"窗口，显示动画范围曲线，红、绿、蓝不同颜色的曲线分别代表 X 轴、Y 轴、Z 轴，如图 10-7 所示。

（7）在"轨迹视图-曲线编辑器"窗口的"位置"节点下选择"Z 位置"选项，单击右侧曲线中的关键帧，其显示为白色，表示该关键帧被选中，在关键帧上右击，会显示"Teapot001\Z 位置"（轨迹信息）对话框，如图 10-8 所示。

图 10-7　动画范围曲线

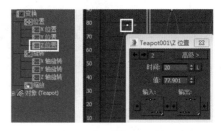

图 10-8　选择关键帧

（8）单击 ←→ 按钮分别选择各关键帧，并打开轨迹信息对话框，在"值"输入框中将第 20、40、60、80、100 关键帧的值均设置为 80，将第 10、30、50、70、90 关键帧的值均设置为 0，以调整关键帧在 Z 轴的位置，如图 10-9 所示。

（9）播放动画，发现篮球弹起的高度一致，落下的位置也一致。使用相同的方法，可以在"旋转"节点中设置旋转动画，在"缩放"节点中设置缩放动画等。单击轨迹信息对话框中的"输入"与"输出"按钮，可以设置动画的播放速度。

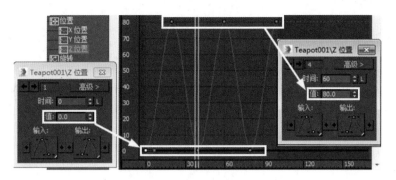

图 10-9　调整关键帧的位置

10.1.4　参数曲线超出范围类型

在"参数曲线超出范围类型"对话框中可以选择在当前关键点范围之内重复播放动画的方式，这样设置的好处是，当对一组关键点进行更改时，所做的更改会反映到整个动画中，下面通过具体案例进行讲解。

课堂实训——参数曲线超出范围类型

（1）继续 10.1.3 节的篮球动画案例，打开"时间配置"对话框，修改动画的"结束时间"为第 200 帧。

（2）在"轨迹视图-曲线编辑器"窗口左侧的列表框中选择"Z 位置"选项，单击工具栏中的 "参数曲线超出范围类型"按钮，在弹出的"参数曲线超出范围类型"对话框中显示 6 种曲线类型，如图 10-10 所示。

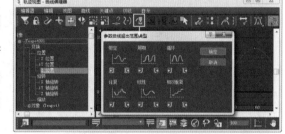

图 10-10　6 种曲线类型

选择"恒定"类型，在已确定的动画范围的两端保持恒定值，不产生动画效果；选择"周期"类型，使轨迹中某一范围内的关键帧保持原样不断重复播放；"循环"类型类似于"周期"类型，在衔接动画的最后一帧和下一个动画的第一帧之间改变数值可以产生流畅的动画；选择"往复"类型，在选定范围内重复从前往后再从后往前的运动；选择"线性"类型，在已确定的动画两端插入线性的动画曲线，使动画在进入和离开设定的区段时保持平衡；选择"相对重复"类型，每次重复播放的动画都在前一次动画最后一帧的基础上进行重复，产生新的动画。

（3）选择"周期"类型，播放动画，会发现篮球会在第 1～200 帧连续进行上下跳跃。

10.2　使用动画控制器

动画控制器可以控制对象运动的规律，指定对象的位置，旋转、缩放对象等，决定动画参数如何在每帧动画中形成规律。用户可以在"轨迹视图-曲线编辑器"窗口及"运动"面板中使用动画控制器。

10.2.1　在"轨迹视图-曲线编辑器"窗口中使用动画控制器

在"轨迹视图-曲线编辑器"窗口中使用动画控制器后，在该窗口中可以看到所有的动画控制器，本节讲解在"轨迹视图-曲线编辑器"窗口中使用动画控制器的方法。

课堂实训——在"轨迹视图-曲线编辑器"窗口中使用动画控制器

（1）继续 10.1.4 节案例的操作，在"轨迹视图-曲线编辑器"窗口中单击 ▼ "过滤器"按钮，打开"过滤器"对话框，如图 10-11 所示。

（2）勾选"显示"选项组中的"控制器类型"复选框，然后单击 确定 按钮进行确认，此时在"轨迹视图-曲线编辑器"窗口中支持动画控制器的项目名称的右侧将显示动画控制器类型，默认为"Bezier 浮点"，此时的动画曲线为 Bezier 曲线，如图 10-12 所示。

图 10-11　打开"过滤器"对话框

图 10-12　动画控制器类型为"Bezier 浮点"
时的动画曲线

（3）在控制器上右击并在弹出的快捷菜单中选择"指定控制器"命令，打开"指定浮点控制器"对话框，可以选择其他不同类型的控制器。例如，选择"线性浮点"控制器。

（4）单击 确定 按钮进行确认，此时会发现动画曲线由原来的 Bezier 曲线变成了直线曲线，如图 10-13 所示。

图 10-13　动画控制器类型为"线性浮点"时的动画曲线

✏️ **小贴士：**

"Bezier 浮点"控制器使动画变成一种曲线运动状态，而"线性浮点"控制器使动画变成一种直线运动状态。

10.2.2 在"运动"面板中使用动画控制器

在"运动"面板中用户只能看到部分动画控制器，下面讲解在"运动"面板中使用动画控制器的方法。

课堂实训——在"运动"面板中使用动画控制器

（1）继续 10.2.1 节案例的操作，在场景中选择篮球对象，在"创建"面板中单击 🌑 "运动"按钮进入"运动"面板。

（2）展开"指定控制器"卷展栏，选择指定控制器的类型。例如，选择"位置"节点中的"X 位置"选项，单击 ✍ "指定控制器"按钮，打开"指定浮点控制器"对话框，如图 10-14 所示。

（3）在"指定浮点控制器"对话框中可以选择不同类型的控制器。例如，选择"线性浮点"控制器，单击 **确定** 按钮，此时"轨迹视图-曲线编辑器"窗口左侧列表框的"位置"节点中的"X 位置"选项显示"线性浮点"控制器，如图 10-15 所示。

图 10-14 打开"指定浮点控制器"对话框

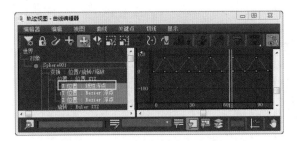

图 10-15 使用"线性浮点"控制器

10.2.3 "路径约束"控制器——创建飞机起飞动画

"路径约束"控制器可以为一个静态对象赋予一个运动轨迹，还可以使对象抛开原来的运动轨迹，按照指定的新轨迹进行运动，可以使用任意类型的样条线作为路径。下面通过创建飞机起飞动画，学习"路径约束"控制器的使用方法。

课堂实训——创建飞机起飞动画

（1）打开"素材"/"卡通飞机.max"素材文件，这是一个卡通飞机模型，如图 10-16 所示，播放动画，发现飞机的螺旋桨不停地旋转，而飞机原地不动。

下面我们通过"路径约束"控制器创建飞机在跑道上起飞的动画。

（2）在顶视图中绘制半圆形样条线，在前视图中调整样条线的一端，使其沿 Y 轴向上延伸，作为飞机起飞的路径，如图10-17所示。

图10-16　卡通飞机模型

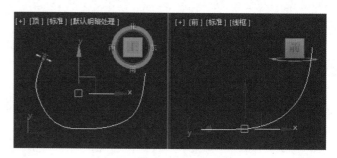

图10-17　绘制样条线

（3）选择飞机，进入"运动"面板，在"指定控制器"卷展栏中选择"位置"选项，单击 "指定控制器"按钮打开"指定浮点控制器"对话框，双击"路径约束"控制器。

（4）展开"路径参数"卷展栏，单击 添加路径 按钮，在视图中单击样条线，此时飞机自动移动到样条线上，但与样条线呈倾斜状，播放动画，会发现飞机以倾斜状沿样条线运动，如图10-18所示。

这明显不对，下面进行调整。

（5）继续在"路径选项"选项组中勾选"跟随""允许翻转"复选框，在"轴"选项组中勾选 Y 复选框，此时飞机会转向路径方向，如图10-19所示。

图10-18　飞机自动移动到样条线上

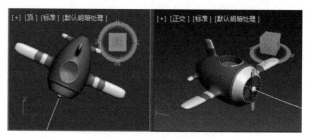

图10-19　调整飞机姿态

（6）此时再播放动画，飞机会沿路径以正确的姿态进行运动。

另外，在创建路径约束动画后，用户可以进行相关的设置。

权重：设置路径对对象的运动影响力。0%沿路径：设置对象沿路径的位置百分比。跟随：使对象运动的局部坐标与路径的切线方向对齐。倾斜：勾选该复选框，动画产生倾斜效果，可以设置倾斜量与平滑度。允许翻转：避免对象在沿垂直方向的路径行进时产生翻转。恒定速度：控制对象匀速运动，否则，对象运动速度的变化会依赖于路径顶点之间的距离。循环：循环播放动画。相对：保持受约束对象的原始位置。轴：设置对象的局部坐标轴。

10.2.4 "位置约束"控制器——创建对象约束动画

"位置约束"控制器能够使受约束对象跟随一个对象的位置或几个对象的权重平均位置的改变而改变。当使用多个目标对象时，每个目标对象都有一个权重值，该值定义了对象相对于其他目标对象受约束的程度。下面通过一个简单实例，讲解"位置约束"控制器的使用方法。

课堂实训——创建对象约束动画

（1）创建一个茶壶对象和一个圆环对象，选择茶壶对象，依照 10.2.3 节添加"路径约束"控制器的方法为其添加"位置约束"控制器，如图 10-20 所示。

（2）向上滑动面板，展开"位置参数"卷展栏，单击 添加位置目标 按钮，在视图中单击圆环对象，结果茶壶对象被约束到了圆环对象上，移动圆环对象，发现茶壶对象跟随圆环对象一起移动，如图 10-21 所示。

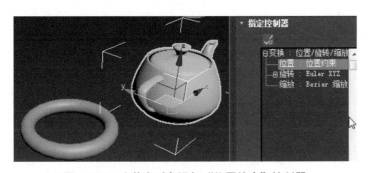

图 10-20　为茶壶对象添加"位置约束"控制器

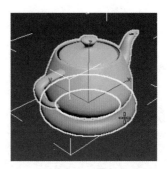

图 10-21　茶壶对象被约束到圆环对象上

另外，还可以进行其他相关设置。

删除位置目标：删除列表中的目标对象，使其不再影响受约束对象。权重：设置路径对对象运动过程的影响力。保持初始偏移：保持受约束对象与目标对象之间的原始距离，避免受约束对象捕捉到目标对象的轴。

10.2.5 "噪波位置"控制器——创建篮球噪波跳动动画

"噪波位置"控制器能够使指定对象进行一种随机不规则的运动，适用于随机运动的对象。下面通过一个简单实例，讲解"噪波位置"控制器的使用方法。

课堂实训——创建篮球噪波跳动动画

（1）打开"素材"/"打篮球.max"文件，选择篮球，依照 10.2.3 节添加"路径约束"控制器的方法为其添加"噪波位置"控制器，如图 10-22 所示。

（2）此时会弹出"噪波控制器"对话框，如图 10-23 所示。

（3）在该对话框中设置参数，然后关闭该对话框，播放动画，发现场景中出现了篮球躁波跳动动画。

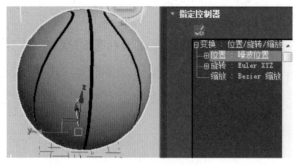

图 10-22 为篮球添加"噪波位置"控制器

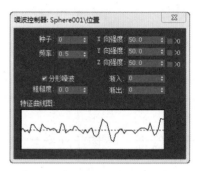

图 10-23 "噪波控制器"对话框

10.2.6 "音频位置"控制器——创建音频动画

在使用"音频位置"控制器创建动画时，首先需要导入一段音频，然后通过音频高低控制对象的运动轨迹，该控制器产生的效果类似于"噪波位置"控制器所产生的效果。

图 10-24 "音频控制器"对话框

课堂实训——创建音频动画

（1）继续 10.2.5 节案例的操作，为篮球添加"音频位置"控制器，此时打开"音频控制器"对话框，如图 10-24 所示。

（2）单击 选择声音 按钮，选择一种声音文件，在"采样"选项组中设置参数去除噪音、平滑波形以及控制显示等；在"实时控制"选项组中创建交互式动画，这些动画由捕获自外部音频源的声音驱动；在"通道"选项组中选择驱动控制器输出值的通道，只有立体声音文件才可使用。

（3）播放动画，篮球就会随音频的高低来进行跳跃。

10.2.7 动画的运动轨迹

运动轨迹是动画中非常重要的内容，要想完成一个动画效果，编辑轨迹是不可缺少的操作步骤，通过编辑轨迹曲线上的关键点，将轨迹转换为样条曲线或者将样条曲线转换为轨迹。下面通过一个简单实例，了解对象运动轨迹的控制方法。

课堂实训——动画的运动轨迹

（1）打开"素材"/"打篮球.max"文件，选择篮球，开启"自动关键点"功能自动记录关键帧。

（2）分别在第 20、40、60、80 和 100 帧位置移动篮球，系统会自动记录篮球的运动轨迹。

（3）关闭"自动关键点"功能，在"运动"面板中单击 运动路径 按钮，在视图中将显示篮球的运动轨迹。

（4）单击 子对象 按钮，在"关键点控制"卷展栏中单击 添加关键点 按钮，在第80～100帧的曲线上单击添加一个关键点，如图10-25所示。

（5）使用"移动并选择"工具对曲线上的关键点进行调整，使轨迹更圆滑，播放动画，发现篮球的运动轨迹变得比较顺畅，如图10-26所示。

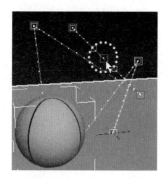

图10-25　添加关键点

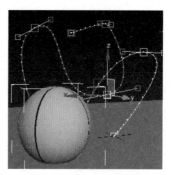

图10-26　调整关键点

（6）打开"轨迹视图-曲线编辑器"窗口，继续对关键点进行调整，直到动画效果达到满意为止。

（7）重新绘制一条样条线，选择篮球，在"转换工具"卷展栏中单击 转化自 按钮，拾取样条线，将其转换为篮球的运动轨迹，播放动画，发现篮球沿由样条线转换的轨迹进行运动。

（8）单击 转化为 按钮，可以将轨迹转换为样条线。

10.3　粒子系统

粒子系统其实是3ds Max的一种建模工具，除自身可以形成动画效果以外，其主要用途是配合动画实现完美的动画效果。本节讲解粒子系统的相关知识。

10.3.1　认识粒子系统

粒子系统的外形不固定、不规则，变化无规律，其形状基本由大量微小粒子构成，因此，常用来模拟外形比较模糊的对象。

粒子系统的每个粒子都具有生命值、大小、形状、位置、颜色、透明度及速度等参数，同时会经历产生、运动变化和消亡3个过程，其生命值、形状、大小等参数都会随时间的推移而变化，从而形成连续变化的动画效果。

进入"创建"面板，在"几何体"下拉列表中选择"粒子系统"选项，展开"对象类型"卷展栏，即可显示所有粒子系统，如图10-27所示。

图10-27　粒子系统

下面对这些粒子系统做一个简单的介绍。

粒子流源：属于事件驱动粒子系统，常用于制作复杂的动画效果，如爆炸、碎片、火焰、烟雾等。

喷射：常用于制作下雨、喷泉等动画效果。

超级喷射：与"喷射"相似，用于制作更为复杂的喷射动画效果。

雪：用于制作下雪、火花飞溅、碎纸片飞洒等动画效果。

暴风雪：与"雪"类似，用于制作更为复杂的翻飞、飞洒动画效果。

粒子阵列：用于制作更为复杂的粒子群动画效果。

粒子云：用于制作不规则排列运动的物体的动画效果。例如，飞翔的鸟群等。

10.3.2　创建"喷射"粒子系统

"喷射"粒子系统相对比较简单，但功能非常强大，用途也非常广泛。下面讲解创建"喷射"粒子系统的相关方法。

课堂实训——创建"喷射"粒子系统

（1）单击 喷射 按钮，在视图中拖曳鼠标创建"喷射"粒子发射器，拖动时间滑块，将产生粒子喷射动画，如图 10-28 所示。

（2）进入"修改"面板，展开"参数"卷展栏，设置粒子的数量、大小、喷射速度、形状等，如图 10-29 所示。

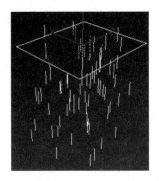

图 10-28　"喷射"粒子系统的效果　　　　　图 10-29　"参数"卷展栏

- 粒子：设置粒子的形状、大小、喷射速度及变化等。

  ➢ 视口计数/渲染计数：设置粒子在视口中或渲染时的数量。图 10-30 所示是"视口计数"值分别为 100 和 600 时的粒子效果。

  ➢ 水滴大小：设置粒子的大小，只有在渲染时才可以被看到。图 10-31 所示是"水滴大小"值分别为 5 和 15 时的效果。

  ➢ 速度：控制粒子的喷射速度，值越大，喷射的粒子越远，反之喷射的粒子越近。图 10-32 所示是"速度"值分别为 3 和 10 时的粒子喷射效果。

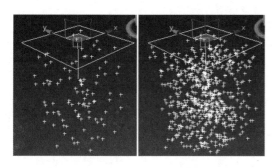

图 10-30　粒子的"视口计数"效果比较

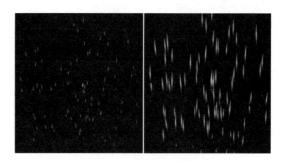

图 10-31　粒子大小比较

> 变化：设置粒子的变化，值越大粒子变化越大，反之越小。图 10-33 所示是"变化"值分别为 0 和 5 时的粒子变化效果。

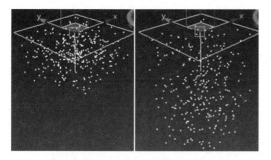

图 10-32　粒子"速度"效果比较

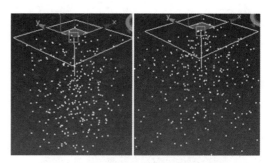

图 10-33　粒子的"变化"效果比较

> 水滴/圆点/十字叉：设置粒子的形状。图 10-34 所示分别是"水滴"、"圆点"和"十字叉"形状的粒子。

● 渲染：设置粒子在渲染时的形状，有"四面体"和"面"两种形状。图 10-35 所示分别是"四面体"和"面"的渲染效果。

图 10-34　不同形状的粒子

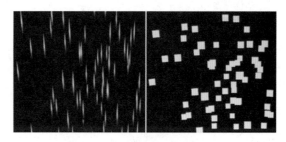

图 10-35　粒子的渲染效果比较

● 计时：设置粒子喷射的开始时间和结束时间。
● 发射器：设置粒子发射器的大小，勾选"隐藏"复选框，可以将发射器隐藏。

（3）设置好粒子的各参数后，可以为粒子制作材质并设置属性等，最后对其进行渲染，就会形成一种喷射动画效果。

10.3.3　创建"雪"粒子系统

"雪"粒子系统可以模拟下雪、下落的花朵、飘飞的树叶等动画效果，其设置与"喷射"

粒子系统基本相同，下面通过简单实例，讲解创建"雪"粒子系统的方法。

课堂实训——创建"雪"粒子系统

（1）单击 雪 按钮，在视图中拖曳鼠标创建"雪"粒子发射器，拖动时间滑块，将产生粒子喷射动画。

（2）进入"修改"面板，展开"参数"卷展栏，设置粒子的数量、大小、速度、形状等，如图10-36所示。

"雪"粒子系统的参数设置与"喷射"粒子系统的参数设置基本相同，下面我们对个别参数进行简单介绍。

翻滚：设置"雪"粒子系统的翻滚效果。

翻滚速率：设置"雪"粒子系统翻滚的速度。

渲染：设置"雪"粒子系统在渲染时的形状，有"六角形""三角形""面"3种形状，如图10-37所示。

图10-36　"参数"卷展栏

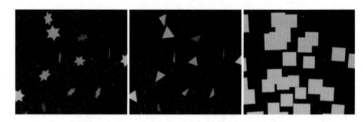

图10-37　"雪"粒子系统的不同渲染形状

10.3.4　创建"超级喷射"粒子系统

"超级喷射"粒子系统是"喷射"粒子系统的加强，其参数设置比"喷射"粒子系统更为复杂，其喷射的粒子不再局限于简单的几何体，而是可以用任何三维模型作为粒子进行喷射。下面通过简单实例，讲解"超级喷射"粒子系统的创建方法。

课堂实训——创建"超级喷射"粒子系统

（1）单击 超级喷射 按钮，在视图中拖曳鼠标创建"超级喷射"粒子发射器，拖动时间滑块，将产生粒子喷射动画。

（2）进入"修改"面板，"超级喷射"粒子系统共有8个卷展栏，下面对各卷展栏的功能进行简单介绍。

"基本参数"卷展栏：设置粒子分布、图标大小及视口显示形状等，如图10-38所示。

"粒子生成"卷展栏：设置粒子数量、粒子运动、粒子计时及粒子大小等，如图 10-39 所示。

"粒子类型"卷展栏如图 10-40 所示。在"粒子类型"选项组中指定粒子类型；在"标准粒子"选项组中选择标准粒子形状；在"变形球粒子参数"选项组中设置变形球粒子的参数；在"实例参数"选项组中拾取实体对象作为粒子；在"材质贴图和来源"选项组中拾取实例对象的材质。例如，创建一个茶壶，在"对象类型"卷展栏中单击"超级喷射"按钮，在"基本参数"卷展栏中选择视口显示形状为"网格"，在"粒子类型"卷展栏中选中"实例几何体"单选按钮，单击 拾取对象 按钮拾取茶壶，这样"超级喷射"粒子系统产生的粒子就是茶壶，如图 10-41 所示。

图 10-38　"基本参数"卷展栏　　　图 10-39　"粒子生成"卷展栏

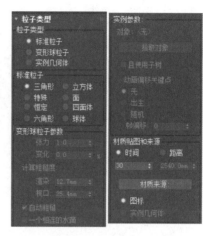

图 10-40　"粒子类型"卷展栏

除了以上卷展栏，还有"旋转和碰撞""对象运动继承""气泡运动""粒子繁殖""加载/保存预设"卷展栏，这些卷展栏用于对粒子进行相关的设置，如图 10-42 所示。

图 10-41　拾取茶壶实体对象　　　　　　图 10-42　其他卷展栏

10.3.5　创建"粒子云"粒子系统

"粒子云"粒子系统是让粒子在一个三维模型内产生与发射器形状类似的粒子团，粒子可以是标准几何体、超级粒子或三维模型。下面我们通过一个简单实例，讲解"粒子云"粒子系统的创建方法。

课堂实训——创建"粒子云"粒子系统

（1）单击 粒子云 按钮，在视图中拖曳鼠标创建一个"粒子云"粒子发射器。

（2）进入"修改"面板，在"基本参数"卷展栏中修改粒子发射器的"粒子分布"类型为"球体发射器"，设置粒子的视口显示形状为"网格"，如图 10-43 所示。

（3）在视图中创建长方体，选择粒子云，在"粒子类型"卷展栏中选中"实例几何体"单选按钮，单击 拾取对象 按钮拾取长方体，此时就可以看到发射器中出现了立方体形状的粒子云，如图 10-44 所示。

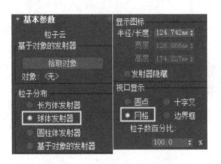

图 10-43 "基本参数"卷展栏

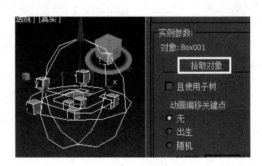

图 10-44 创建粒子云

（4）在"旋转和碰撞"卷展栏中设置"自旋速度控制"选项组中的参数，然后播放动画，就可以看到立方体在发射器内旋转的效果。

10.4 空间扭曲对象

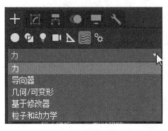

图 10-45 空间扭曲对象

空间扭曲对象是一种特殊对象，其本身不能被渲染，与其他对象绑定后会影响其他对象。例如，在动画制作中，通过将"重力"空间扭曲对象与粒子系统绑定来制作喷泉动画。

在"创建"面板中单击 ≋ "空间扭曲"按钮，其下拉列表中显示空间扭曲对象，如图 10-45 所示。

本节我们主要针对常用的几个空间扭曲对象进行讲解，其他空间扭曲对象在此不做讲解，读者可以自己尝试进行操作。

10.4.1 创建"风"空间扭曲对象

"风"空间扭曲对象可以模拟自然界中的风力，如果将其绑定到粒子系统上，粒子系统就会受到风力的影响。用户可以设置风力大小、衰退等参数。下面讲解创建"风"空间扭曲对象的相关方法。

课堂实训——创建"风"空间扭曲对象

（1）在视图中创建"喷射"粒子系统，调整参数使粒子呈喷射状态，然后在"空间扭曲"下拉列表中选择"力"选项，在"对象类型"卷展栏中单击 风 按钮，在左视图中创建"风"空间扭曲对象，如图10-46所示。

（2）单击主工具栏中的 "绑定到空间扭曲"按钮，将"风"空间扭曲对象拖到粒子系统上进行绑定，此时我们会发现，原来向下喷射的粒子，在风力的作用下向一边倾斜喷射，这表示"风"空间扭曲对象已经对粒子系统产生影响。

（3）选择"风"空间扭曲对象，进入"修改"面板，在"参数"卷展栏中设置"强度""衰退"等参数，如图10-47所示。

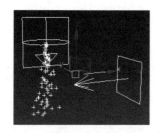

图10-46 创建"风"空间扭曲对象

图10-47 "风"空间扭曲对象对粒子系统的影响

10.4.2 创建"重力"空间扭曲对象

"重力"空间扭曲对象用于模拟自然界中的地心引力，对粒子系统具有引力作用，粒子会沿着"重力"箭头的指向进行移动，根据强度值的不同和箭头方向的不同，也可以产生排斥，当空间扭曲对象为球形时，粒子会被吸向球心。下面讲解创建"重力"空间扭曲对象的方法。

课堂实训——创建"重力"空间扭曲对象

（1）在顶视图中创建"超级喷射"粒子系统和"重力"空间扭曲对象，将"重力"空间扭曲对象绑定到粒子系统上，此时会发现，原来向上喷射的粒子，受重力影响，呈向下坠落效果，如图10-48所示。

（2）选择"重力"空间扭曲对象，设置"强度""衰退""图标大小"等参数，如图10-49所示。

（3）选中"球形"单选按钮，会发现粒子被吸引到球心方向，如图10-50所示。

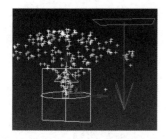

图10-48 "重力"空间扭曲对象
对粒子系统的影响

图10-49 设置参数

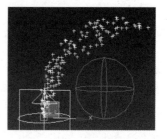

图10-50 粒子被吸引到球心方向

小贴士：

在视图中选择被绑定的对象，在修改器堆栈中选择"绑定修改"选项，单击其下的 8 按钮，将该选项删除，即可取消绑定。

10.4.3　创建"导向板"空间扭曲对象

"导向器"空间扭曲对象起到导向或防护的作用，通常会与"重力"等空间扭曲对象结合使用。在"创建"面板的"空间扭曲"下拉列表中选择"导向器"选项，在"对象类型"卷展栏下有 6 种类型的导向器，如图 10-51 所示。

下面学习"导向板"的使用方法，其他类型的导向器与该导向器的作用不同，但用法相同，在此不做讲解，读者可以自己尝试操作。

课堂实训——创建"导向板"空间扭曲对象

（1）继续 10.4.2 节案例的操作，在顶视图中创建"导向板"空间扭曲对象，使其位于粒子的正方向，然后将其绑定到"喷射"粒子系统上。

（2）选择"重力"空间扭曲对象，在"修改"面板中设置其"强度"参数，使其对粒子增加更大的重力，播放动画，会发现粒子在重力作用下下落到导向板之后又向上反弹，如图 10-52 所示。

（3）选择"导向板"空间扭曲对象，进入"修改"面板，展开"参数"卷展栏，设置"反弹""变化"以及导向板的"长度""宽度"等参数，如果设置更大的"反弹"值，则粒子反弹的效果会更明显，如图 10-53 所示。

图 10-51　6 种类型的导向器

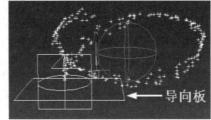

图 10-52　导向板作用于粒子

图 10-53　"导向板"参数设置与粒子反弹效果

10.5　综合实训——制作喷泉动画

本节我们使用粒子系统制作一个喷泉动画。该喷泉有 3 层，喷泉水从第 1 层的喷口喷出，呈伞状下落到第 1 层莲花状水池中，再从水池 12 个缺口溢出并下落到第 2 层莲花状水池中，水注满第 2 层莲花状水池后继续从 12 个缺口溢出并下落到第 3 层水池中，在该过程中，水池出现涟漪和飞溅的水滴，效果如图 10-54 所示。

图 10-54　喷泉动画效果

10.5.1　制作主喷泉喷水动画

本节来制作主喷泉喷水动画，主喷泉水从第 1 层喷口喷出，呈伞状下落到水池中，水注满水池后从 12 个缺口向下溢出，效果如图 10-55 所示。

详细操作步骤见配套教学资源中的视频讲解。

图 10-55　主喷泉喷水动画

10.5.2　制作主喷泉水溢出动画

当第 1 层的水池注满水后，水就会从缺口溢出，向下流淌到下方水池，本节就来制作水从第 1 层水池 12 个缺口向下溢出的动画，效果如图 10-56 所示。

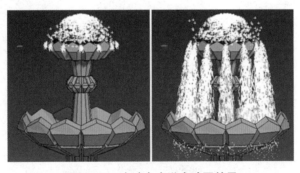

图 10-56　主喷泉水溢出动画效果

详细操作步骤见配套教学资源中的视频讲解。

10.5.3　制作第 2 层与第 3 层水池注满水的动画

当第 1 层的水池注满水后，水就会从缺口溢出，向下流淌到第 2 层水池，第 2 层水池注满水后，水又从缺口溢出并向下流淌注满第 3 层水池，第 3 层水池中的水又会由喷泉系统从第 1 层水池喷出，这是一个循环的过程，这一过程的制作方法与前面制作第 1 层水池水满并溢出的方法相同，在此不做详细讲解，读者可以自己尝试操作，其效果如图 10-57 所示。

图 10-57　喷泉动画

10.6 综合实训——制作"乘风破浪"动画

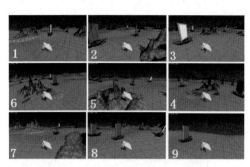

图 10-58   "乘风破浪"动画效果

生活从来都不会一帆风顺，但无论何时我们都要乘风破浪，勇往直前，最终会抵达希望的彼岸。

本节我们使用"噪波"空间扭曲对象、"路径约束"控制器及关键帧制作"乘风破浪"动画。波涛汹涌的海面上矗立着几座小岛，小岛时而被海水淹没，时而露出海面，几艘小船随海浪摇摆，在小岛间艰难穿行，一架无人机从远处贴近海面飞行至小岛，绕小岛飞行一圈后再飞回，效果如图 10-58 所示。

10.6.1   制作海面波浪起伏与摇摆的小船动画

本节来制作海面波浪起伏与摇摆的小船动画。海面波光粼粼，波涛汹涌，在海中的小岛岸边，一艘小船随海浪在摇摆，效果如图 10-59 所示。

图 10-59   海面波浪起伏与摇摆的小船动画

详细操作步骤见配套教学资源中的视频讲解。

10.6.2   制作无人机绕岛飞行动画

本节来制作无人机绕岛飞行动画。无人机首先从远处贴近海面飞行至小岛，然后绕小岛飞行一圈后再飞回，效果如图 10-60 所示。

详细操作步骤见配套教学资源中的视频讲解。

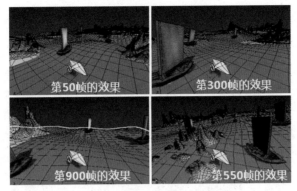

图 10-60 无人机绕岛飞行动画

知识巩固与能力拓展

1. 单选题

01. 3ds Max 提供了（　　）种粒子系统。

  A. 5   B. 6   C. 7   D. 8

02. 为了使粒子系统能更好地模拟喷泉下落的效果，需要配合使用空间扭曲对象中的（　　）来限定粒子。

  A. 风   B. 导向板   C. 重力   D. 马达

03. "超级喷射"粒子系统的数量是由（　　）来设定的。

  A. 速率   B. 粒子运动的速度

  C. 发射开始时间   D. 发射停止时间

04. "重力"属于空间扭曲对象中的（　　）类型。

  A. 几何/可变形 B. 力   C. 粒子和动力学 D. 导向器

05. "喷射"和"雪"粒子系统在渲染时共有的形状是（　　）。

  A. 面   B. 三角形   C. 四面体   D. 六角形

06. 空间扭曲对象的"几何/可变形"类型中不包括（　　）。

  A. 噪波   B. 波浪   C. 涟漪   D. 爆炸

2. 多选题

01. "喷射"和"雪"粒子系统在场景中共有的形状是（　　）。

  A. 雪花   B. 圆点   C. 十字叉

02. 可使粒子系统沿某一方向发射的空间扭曲对象有（　　）。

  A. 重力   B. 推力   C. 风   D. 导向板

03. 空间扭曲对象中的"力"类型包括（　　）。

  A. 重力   B. 推力   C. 风   D. 马达

04. 空间扭曲对象中的"导向器"类型包括（　　）。

  A. 导向板   B. 导向球   C. 全导向器   D. 运动场

3. 实践操作题

打开"素材"/"水龙头.max"文件，读者自己尝试使用"超级喷射"粒子系统制作水龙头流水的动画效果，如图 10-61 所示。

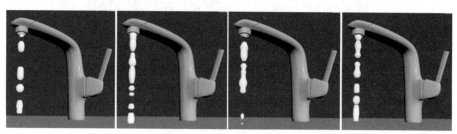

图 10-61　水龙头流水的动画效果

操作提示：

创建"超级喷射"粒子系统，选中"基本参数"卷展栏的"视口显示"选项组中的"网格"单选按钮，并设置"粒子数百分比"为 100。

选中"粒子生成"卷展栏的"粒子数量"选项组中的"使用总数"单选按钮，并设置其参数为 220；在"粒子运动"选项组中设置"速度"为 10；在"粒子计时"选项组中设置"发射开始"为-50、"发射停止"为 100、"显示时限"为 100、"寿命"为 30、"变化"为 20；在"粒子大小"选项组中设置"大小"为 20、"变化"为 50、"增长耗时"为 0。

在"粒子类型"卷展栏中选择"粒子类型"为"变形球粒子"，然后打开"材质编辑器"窗口，选择一个新的材质球，在"Blinn 基本参数"卷展栏中设置"环境光"和"漫反射"的颜色为黑色、"不透明度"为 50，在"反射高光"选项组中设置"高光级别"为 50、"光泽度"为 51。

在视图中右击粒子，在弹出的快捷菜单中选择"对象属性"命令，在弹出的对话框中选择"运动模糊"选项组中的"图像"选项，设置"数量"为 0.5，单击"确定"按钮关闭该对话框，完成水龙头流水的动画效果。

⬇ 工作任务分析

本任务主要学习 3ds Max 三维设计中室内外效果图制作的全过程，使学生全面掌握使用 3ds Max 制作室内外效果图的方法，进一步激发学生学习三维设计的热情。

⬇ 知识学习目标

- 掌握室内效果图制作的基本流程和方法。
- 掌握室外效果图制作的基本流程和方法。
- 掌握室外效果图后期处理的流程和方法。

⬇ 技能实践目标

- 能够掌握制作室内效果图的技能。
- 能够掌握制作室外效果图的技能。

3ds Max 被应用于多个领域，其中，在室内外效果图制作领域，其强大的三维设计功能被发挥到了极致，用户可以利用其强大的三维建模、材质表现、灯光设置及渲染、输出等功能，制作出照片级的效果图，使其成为建筑工程施工、室内外装修签单等的参考图纸。

11.1 制作客厅室内效果图

本节我们来讲解使用 3ds Max 制作如图 11-1 所示的客厅室内效果图的全过程，内容包括导入 CAD 平面图、创建室内墙体与阳台窗户模型、制作模型材质与贴图、设置照明系统，以及渲染输出效果图等。

11.1.1 导入 CAD 平面图并创建室内墙体与阳台窗户模型

导入 CAD 平面图是制作室内效果图的第一步，也是关键的一步。本节来导入客厅室内平面图，并创建室内墙体与阳台窗户模型，效果如图 11-2 所示。

图 11-1 客厅室内效果图

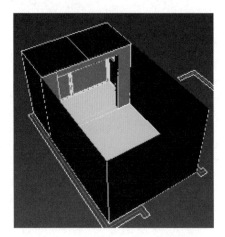

图 11-2　室内墙体与阳台窗户模型

详细操作步骤见配套教学资源中的视频讲解。

11.1.2　创建吊顶、电视墙、电视柜与电视模型

本节继续创建吊顶、电视墙、电视柜与电视模型，效果如图 11-3 所示。

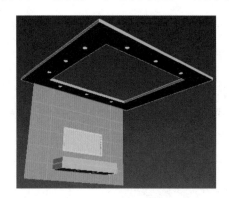

图 11-3　吊顶、电视墙、电视柜与电视模型

详细操作步骤见配套教学资源中的视频讲解。

11.1.3　创建沙发、茶几、角柜、挂画与台灯模型

本节继续创建沙发、茶几、角柜、挂画与台灯模型，效果如图 11-4 所示。

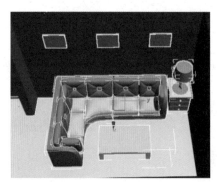

图 11-4　沙发、茶几、角柜、挂画与台灯模型

详细操作步骤见配套教学资源中的视频讲解。

11.1.4 设置摄像机并制作模型材质与贴图

本节我们来设置场景摄像机，并制作模型材质与贴图，效果如图 11-5 所示。

图 11-5 模型材质与贴图效果

详细操作步骤见配套教学资源中的视频讲解。

11.1.5 设置照明系统并渲染、输出客厅室内效果图

11.1.4 节在制作模型材质与贴图时设置了一个"（VR）灯光"系统，通过对场景进行渲染，发现该灯光整体效果还不错，我们只需将其颜色调整为蓝色（R：110、G：180、B：230）即可。本节来设置客厅的其他照明系统，效果如图 11-6 所示，并渲染、输出客厅室内效果图。

图 11-6 台灯与暗藏灯管照明效果

详细操作步骤见配套教学资源中的视频讲解。

11.2　制作建筑效果图

本节我们要制作的是一个高层住宅建筑效果图，讲解 3ds Max 室外效果图制作的全过程，内容包括导入 CAD 平面图、创建室外模型、制作模型材质与贴图、设置照明系统、室外场景的渲染、输出及后期处理等，最终效果如图 11-7 所示。

图 11-7　建筑效果图

11.2.1　导入 CAD 平面图并创建首层车库模型

该高层建筑的首层为车库，本节来创建首层车库模型，效果如图 11-8 所示。

图 11-8　首层车库模型效果

详细操作步骤见配套教学资源中的视频讲解。

11.2.2　创建正立面墙体和窗户模型

本节来创建正立面墙体和窗户模型，效果如图 11-9 所示。

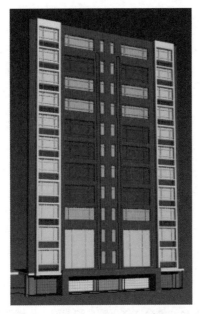

图 11-9　正立面墙体和窗户模型效果

详细操作步骤见配套教学资源中的视频讲解。

11.2.3　创建正立面墙体上的装饰模型

本节来创建正立面墙体上的装饰模型，效果如图 11-10 所示。

图 11-10　正立面墙体上的装饰模型效果

详细操作步骤见配套教学资源中的视频讲解。

11.2.4　创建侧面墙体、窗户和背面墙体模型

本节来创建侧面墙体、窗户和背面墙体模型。在一般情况下，只要不是做建筑动画，建筑背面墙体模型不在摄像机镜头之内，因此不用创建背面墙体窗户，只需创建一个长方体作

为背面墙体模型即可。侧面墙体、窗户和背面墙体模型效果如图 11-11 所示。

图 11-11　侧面墙体、窗户和背面墙体模型效果

详细操作步骤见配套教学资源中的视频讲解。

11.2.5　创建顶层模型

本节来创建顶层模型，效果如图 11-12 所示。

图 11-12　顶层模型效果

详细操作步骤见配套教学资源中的视频讲解。

11.2.6　制作高层建筑的模型材质与贴图

本节来制作高层建筑的模型材质与贴图。该高层建筑的模型材质比较简单，主要包括墙面涂料、窗户及屋顶的材质。

详细操作步骤见配套教学资源中的视频讲解。

11.2.7　设置高层建筑的摄像机、照明系统并进行渲染、输出

本节来设置高层建筑的摄像机、照明系统并进行渲染、输出，效果如图 11-13 所示。

图 11-13　高层建筑的照明与渲染效果

详细操作步骤见配套教学资源中的视频讲解。

11.2.8　高层建筑的后期处理

本节来对高层建筑进行后期处理，后期处理分为 3 步，分别是"分离背景与建筑物并设置图像大小""添加背景与其他配景文件""制作道路并添加其他配景文件"，效果如图 11-14 所示。

图 11-14　最终效果

详细操作步骤见配套教学资源中的视频讲解。

反侵权盗版声明

电子工业出版社依法对本作品享有专有出版权。任何未经权利人书面许可，复制、销售或通过信息网络传播本作品的行为；歪曲、篡改、剽窃本作品的行为，均违反《中华人民共和国著作权法》，其行为人应承担相应的民事责任和行政责任，构成犯罪的，将被依法追究刑事责任。

为了维护市场秩序，保护权利人的合法权益，我社将依法查处和打击侵权盗版的单位和个人。欢迎社会各界人士积极举报侵权盗版行为，本社将奖励举报有功人员，并保证举报人的信息不被泄露。

举报电话：（010）88254396；（010）88258888

传　　真：（010）88254397

E-mail：　dbqq@phei.com.cn

通信地址：北京市海淀区万寿路 173 信箱
　　　　　电子工业出版社总编办公室

邮　　编：100036